第三級陸上特殊無線技士

法規/無線工学

一般財団法人 情報通信振興会

は じ め に

本書は、無線従事者養成課程用の標準教科書です。

1　本書は、第三級陸上特殊無線技士用の教科書であって、総務省が定める無線従事者養成課程の実施要領（平成5年郵政省（現総務省）告示第553号、最終改正令和5年3月22日）に定められている内容に従って編集したものです。

　　この教科書の本文中、前述の実施要領において養成課程の授業に要する程度を「重点的」又は「普通」と定めている箇所には、次のマークを付けています。

 実施要領で「重点的」と定めている箇所です。

 実施要領で「普通」と定めている箇所です。

2　本書には、資料として、本文を補完する必要事項を収録し、履修上の理解を深める一助としています。

3　「まとめ」の項目で、振り返り学習を促し、本書の内容を確実に習得できるように作成しています。

凡　　例

なお、本書では（　　）のように略記しています。

分類	名称
法律	電波法（法）
政令	電波法施行令（施行令） 電波法関係手数料令（手数料令）
省令	電波法施行規則（施行） 無線局免許手続規則（免許） 無線従事者規則（従事者） 無線局運用規則（運用） 無線設備規則（設備） 登録検査等事業者等規則（登録検査） 測定器等の較正に関する規則（較正） 無線機器型式検定規則（型検） 特定無線設備の技術基準適合証明等に関する規則（証明）

法規　目次

第5章　運用

無線工学　目次

第7章 点検及び保守

無線工学　資料

資料1 電気の基礎

資料2 略語一覧

法 規

第1章 法規
第2章 法規
第3章 法規
第4章 法規
第5章 法規
第6章 法規
第7章 法規
第8章 法規
資料 法規

目　次

第1章　電波法の目的

Point

電波法の目的は、「電波の公平かつ能率的な利用を確保することによって、公共の福祉を増進する。」（法1条）ことである。

　今日、電波は、産業、経済、文化をはじめ社会のあらゆる分野に広く利用され、その利用分野は、陸上、海上、航空、宇宙へと広がり、またその需要は多岐にわたってる。しかし、使用できる電波には限りがあり、また、電波は、空間を共通の伝搬路としているので、無秩序に使用すれば相互に混信するおそれがある。

　したがって、電波法では、無線局の免許を所定の規準によって適正に行うとともに、無線設備の性能（技術基準）やこれを操作する者（無線従事者）の知識、技能について基準を定め、また、無線局を運用するに当たっての原則や手続を定めて電波の公平かつ能率的な利用を確保することによって、公共の福祉を増進することを目的としているものである。

　公平とは、公私を問わずすべて平等の立場で規律する趣旨のものであり、必ずしも早い者勝ちを意味するものではなく、社会公共の利益、利便に適合することが前提となる。また、能率的とは、電波を最も効果的に利用することを意味しており、これも社会公共の必要からみて効果的であるということが前提となるものである。

1.1　電波法令の概要

　電波利用の基本的なルールを電波法で規定し、その細部を政令や総務省令で定めている。これらを総称して電波法令と呼んでいる。

　特殊無線技士の資格に関わりの深い電波法令は、巻頭の凡例のとおりである。

1.2　用語の定義

　電波法令では基本的用語について、次のとおり定義している。

1　用語の定義（法2条）

(1)　「電波」とは、300万メガヘルツ以下の周波数の電磁波をいう。

(2)　「無線電信」とは、電波を利用して、符号を送り、又は受けるための通信設備をいう。

(3)　「無線電話」とは、電波を利用して、音声その他の音響を送り、又は受けるための通信設備をいう。

(4)　「無線設備」とは、無線電信、無線電話その他電波を送り、又は受けるため

の電気的設備をいう。

(5) 「無線局」とは、無線設備及び無線設備の操作を行う者の総体をいう。ただし、受信のみを目的とするものを含まない。

(6) 「無線従事者」とは、無線設備の操作又はその監督を行う者であって、総務大臣の免許を受けたものをいう。

参考 :

1　用語の定義（施行2条抜粋）

① 無線通信 ── 電波を使用して行うすべての種類の記号、信号、文言、影像、音響又は情報の送信、発射又は受信をいう。

② 衛星通信 ── 人工衛星局の中継により行う無線通信をいう。

③ 単信方式 ── 相対する方向で送信が交互に行われる通信方式をいう。

④ 複信方式 ── 相対する方向で送信が同時に行われる通信方式をいう。

⑤ 同報通信方式 ── 特定の2以上の受信設備に対し、同時に同一内容の通報の送信のみを行う通信方式をいう。

⑥ 送信設備 ── 送信装置と送信空中線系とから成る電波を送る設備をいう。

⑦ 送信装置 ── 無線通信の送信のための高周波エネルギーを発生する装置及びこれに付加する装置をいう。

⑧ 送信空中線系 ── 送信装置の発生する高周波エネルギーを空間へ輻射する装置をいう。

⑨ 無給電中継装置 ── 送信機、受信機その他の電源を必要とする機器を使用しないで電波の伝搬方向を変える中継装置をいう。

⑩ 無人方式の無線設備 ── 自動的に動作する無線設備であって、通常の状態においては技術操作を直接必要としないものをいう。

⑪ kHz ── キロ（10^3）ヘルツをいう。

⑫ MHz ── メガ（10^6）ヘルツをいう。

⑬ GHz ── ギガ（10^9）ヘルツをいう。

⑭ THz ── テラ（10^{12}）ヘルツをいう。

2　業務の分類及び定義（施行3条抜粋）

① 固定業務 ── 一定の固定地点の間の無線通信業務（陸上移動中継局との間のものを除く。）をいう。

② 移動業務 ── 移動局（陸上（河川、湖沼その他これらに準ずる水域を含む。）を移動中又はその特定しない地点に停止中に使用する受信設備（無線局のものを除く。陸上移動業務及び無線呼出業務において「陸上移動受信設備」という。）を含む。）と陸上局との間又は移動局相互間の無線通信業務（陸上移動中継局の中継によるものを含む。）をいう。

③ 陸上移動業務 ── 基地局と陸上移動局（陸上移動受信設備（無線呼出業務の携帯受信設備を除く。）を含む。）との間又は陸上移動局相互間の無線通信業務（陸上移動中継局の中継によるものを含む。）をいう。

④ 携帯移動業務 ── 携帯局と携帯基地局との間又は携帯局相互間の無線通信業務をいう。

⑤ 非常通信業務 ── 地震、台風、洪水、津波、雪害、火災、暴動その他非常の事態が発生し又は発生するおそれがある場合において、人命の救助、災害の救援、交通通信の確保又は秩序の維持のために行う無線通信業務をいう。

⑥ 構内無線業務 ── 一の構内において行われる無線通信業務をいう。

3 無線局の種別及び定義（施行4条抜粋）

① 固定局 —— 固定業務を行う無線局をいう。

② 基地局 —— 陸上移動局（陸上移動受信設備（無線呼出業務の携帯受信設備を除く。）を含む。）との通信（陸上移動中継局の中継によるものを含む。）を行うため陸上（河川、湖沼その他これらに準ずる水域を含む。）に開設する移動しない無線局（陸上移動中継局を除く。）をいう。

③ 携帯基地局 —— 携帯局と通信を行うため陸上に開設する移動しない無線局をいう。

④ 無線呼出局 —— 無線呼出業務を行う陸上に開設する無線局をいう。

⑤ 陸上移動中継局 —— 基地局と陸上移動局との間及び陸上移動局相互間の通信を中継するため陸上（河川、湖沼その他これらに準ずる水域を含む。）に開設する移動しない無線局をいう。

⑥ 陸上局 —— 海岸局、航空局、基地局、携帯基地局、無線呼出局、陸上移動中継局その他移動中の運用を目的としない移動業務を行う無線局をいう。

⑦ 陸上移動局 —— 陸上（河川、湖沼その他これらに準ずる水域を含む。）を移動中又はその特定しない地点に停止中運用する無線局（船上通信局を除く。）をいう。

⑧ 携帯局 —— 陸上（河川、湖沼その他これらに準ずる水域を含む。）、海上若しくは上空の一若しくは二以上にわたり携帯して移動中又はその特定しない地点に停止中運用する無線局（船上通信局及び陸上移動局を除く。）

⑨ 実験試験局 —— 科学若しくは技術の発達のための実験、電波の利用の効率性に関する試験又は電波の利用の需要に関する調査を行うために開設する無線局であって、実用に供しないもの（放送をするものを除く。）をいう。

⑩ 実用化試験局 —— 当該無線通信業務を実用に移す目的で試験的に開設する無線局をいう。

⑪ アマチュア局 —— 金銭上の利益のためでなく、専ら個人的な無線技術の興味によって行う自己訓練、通信及び技術的研究その他総務大臣が別に告示する業務を行う無線局をいう。

⑫ 構内無線局 —— 構内無線業務を行う無線局をいう。

1.3 総務大臣の権限の委任

無線局の免許を与える権限その他の権限は総務大臣にあるが、その一部、例えば次の権限は所轄の総合通信局長（沖縄総合通信事務所長を含む。以下同じ。）に委任されている（法104条の3、施行51条の15）。

【特殊無線技士の場合の例】

1 特殊無線技士の無線従事者免許を与えること。

2 固定局、陸上局及び移動局等の免許を与えること。

無線局免許申請書や無線従事者免許申請書、その他届書、報告書等の提出先は、所轄の総合通信局長（特定のものを除く）である。

第1章、第2章のまとめは、10ページです。

第2章　無線局の免許

2.1　無線局の開設

2.1.1　免許制度

　無線局を開設しようとする者は、総務大臣の免許を受けなければならない。ただし、発射する電波が著しく微弱な無線局などは、免許を要しない（法4条）。

参考：免許を要しない無線局

1　法4条ただし書によるもの

⑴　発射する電波が著しく微弱な無線局で総務省令で定めるもの

⑵　26.9メガヘルツから27.2メガヘルツまでの周波数の電波を使用し、かつ、空中線電力が0.5ワット以下である無線局のうち、総務省令で定めるものであって、電波法の規定により表示が付されている無線設備（「適合表示無線設備」という。）のみを使用するもの（市民ラジオの無線局）

⑶　空中線電力が1ワット以下である無線局のうち総務省令で定めるものであって、呼出符号又は呼出名称の指定を受け、これを自動的に送信し又は受信する機能その他総務省令で定める機能を有することにより他の無線局にその運用を阻害するような混信その他の妨害を与えないように運用することができるものであって適合表示無線設備のみを使用するものであること。

　　具体例：コードレス（アナログ・デジタル）電話の無線局、特定小電力無線局、小電力セキュリティシステムの無線局、小電力データ通信システムの無線局（Wi-Fi、Bluetooth等）、狭域通信システムの陸上移動局、5GHz帯無線アクセスシステムの陸上移動局及び超広帯域の無線局などがある。

⑷　総務大臣の登録を受けて開設する無線局（登録局　9ページ参照）

2　法4条の2によるもの（技術基準の特例）

⑴　訪日観光客が持ち込むWi-Fi端末等は、滞在期間中に円滑に利用できるように技術基準適合証明を受けていない場合であっても、電波法に定める技術基準に相当する等の条件を満たす場合には、その無線設備が適合表示無線設備とみなされ、入国の日から90日以内に限って使用可能である。

⑵　技適未取得機器を用いた実験等の特例制度（特定小電力無線局用等）がある。

参考：適合表示無線設備に貼付する統一マーク（通称、技適マークという。）は、次のとおり定められている（証明　様式7号、14号）。

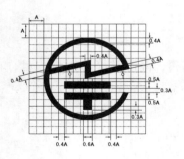

1　技適マークの大きさ

　大きさは、表示を容易に識別することができるものであること。

2　技適マークを表示する場所：無線機器の形態等に応じて表示する（証明8条）。

⑴　直接表示は見やすい場所（本体表示が困難なものは、容器や取扱説明書）に表示する。

⑵　設備本体のディスプレイに表示する。

⑶　外部ディスプレイに表示する。

関[連][知][識]：免許申請から免許の付与まで

1　免許の申請：申請者は、無線局免許申請書に、無線局事項書、工事設計書を添えて、総務大臣に提出しなければならない（法6条1項）。（様式は11ページ～14ページ）

2　申請の審査：（総務大臣）申請が電波法に適合しているか審査する。

3　予備免許：（総務大臣）審査の結果、適合していれば、工事落成の期限、電波の型式及び周波数、識別信号、空中線電力、運用許容時間を指定して、無線局の予備免許を与える。

4　工事落成後の検査：予備免許を受けた者は、工事が落成した旨を届け出て、無線設備等について検査を受けなければならない。（登録検査等事業者制度利用で、検査の一部省略が可能である。）

無線局開設時の免許申請から免許が付与されるまでの一般的な手続の流れ

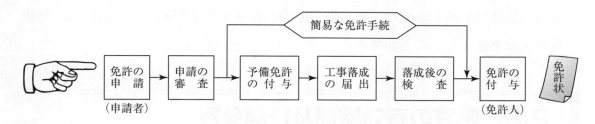

・適合表示無線設備を使用する無線局等は、簡易な免許手続の対象になる。

・無線局の各種申請及び届出は、電子申請も可能である。

2.1.2　欠格事由

1　無線局の免許が与えられない者

次に該当する者には、無線局の免許を与えない（法5条1項）。

(1)　日本の国籍を有しない人

(2)　外国政府又はその代表者

(3)　外国の法人又は団体

(4)　法人又は団体であって、(1)から(3)までに掲げる者がその代表者であるもの又はこれらの者がその役員の3分の1以上若しくは議決権の3分の1以上を占めるもの

2　欠格事由の例外

上記1の規定が適用されない無線局（抜粋）

(1)　実験等無線局（科学若しくは技術の発達のための実験、電波の利用の効率性に関する試験又は電波の利用の需要に関する調査に専用する無線局をいう。）

(2)　アマチュア無線局（個人的な興味によって無線通信を行うために開設する無線局をいう。）

(3)　特定の固定地点間の無線通信を行う無線局（実験等無線局、アマチュア無線局、大使館、公使館又は領事館の公用に供するもの及び電気通信業務を行うことを目的とするものを除く。）

(4)　大使館、公使館又は領事館の公用に供する無線局（特定の固定地点間の無線通信を行うものに限る。）であって、その国内において日本国政府又はその代表者が同種の無線局を開設することを認める国の政府又はその代表者の開設するもの

(5)　自動車その他の陸上を移動するものに開設し、若しくは携帯して使用するために開設する無線局又はこれらの無線局若しくは携帯して使用するための受信設備と通信を行うために陸上に開設する移動しない無線局（電気通信業務を行うことを目的とするものを除く。）

(6)　電気通信業務を行うことを目的として開設する無線局

(7)　電気通信業務を行うことを目的とする無線局の無線設備を搭載する人工衛星の位置、姿勢等を制御することを目的として陸上に開設する無線局

3　無線局の免許が与えられないことがある者（法5条3項）

電波法又は放送法に規定する罪を犯し罰金以上の刑に処せられ、その執行を終わり、又はその執行を受けることがなくなった日から2年を経過しない者及び無線局の免許の取消しを受け、その取消しの日から2年を経過しない者には、無線局の免許を与えないことができる。

2.2　免許の有効期間及び再免許

無線局の免許の有効期間は、電波が有限で希少な資源であり、電波利用に係る関係国際条約の改正または無線技術の発展、電波利用の増大等に対応して、電波の公平で能率的な利用を確保するため周波数割り当ての見直し等を行うため設けられたものである。

再免許は、免許の有効期間の満了と同時に、旧免許内容を存続し、そのまま新免許に移しかえるものである。

2.2.1　免許の有効期間

1　無線局の免許の有効期間は、免許の日から起算して5年を超えない範囲内において定められている（法13条1項）。

2　無線局の免許の有効期間は、無線局の種別に従って定められている（施行7条）。

（免許の有効期間の例）

・固定局、基地局、陸上移動局、携帯基地局、携帯局、実験試験局は、5年

・特定実験試験局は、当該周波数の使用が可能な期間

・実用化試験局は、2年

3 無線局の有効期限は、陸上移動業務の無線局では、ある年の6月1日から翌年の5月31日までの間に免許を受けた無線局の有効期限は、当該ある年の5年後の5月31日までとなる。

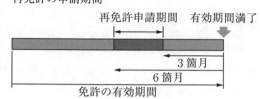

2.2.2 再免許

有効期間満了後も継続して無線局の開設を必要とする場合は、原則免許の有効期間満了前3箇月以上6箇月を超えない期間に、免許人が総務大臣又は総合通信局長に再免許の申請を行い、免許を受ければ引き続き運用することができる（免許18条）。

2.3 免許状記載事項及びその変更等

2.3.1 免許状記載事項

　総務大臣は、免許を与えたときは、免許状を交付する（法14条1項）。免許状には次の事項が記載される（法14条2項）。（記載例は15ページ）

　　・免許の年月日及び免許の番号
　　・免許人（無線局の免許を受けた者をいう。）の氏名又は名称及び住所
　　・無線局の種別　　　・無線局の目的　　　・通信の相手方及び通信事項
　　・無線設備の設置場所　・免許の有効期間　・識別信号（呼出名称等）
　　・電波の型式及び周波数　・空中線電力　　・運用許容時間

2.3.2 指定事項又は無線設備の設置場所の変更等

1 指定事項の変更

　総務大臣は、免許人又は予備免許を受けた者が次に掲げる事項（これらの事項を「指定事項」という。）について指定の変更を申請した場合において、混信の除去その他特に必要があると認めるときは、その指定を変更することができる（法19条）。

　　・識別信号（呼出名称等）　　・電波の型式　　・周波数　　・空中線電力
　　・運用許容時間

　ただし、電波の型式、周波数又は空中線電力の指定の変更は、電波法第17条の

無線設備の変更の工事を伴うので、併せて無線設備の変更の工事の手続が必要となる。

2　無線設備の設置場所の変更等

　　免許状に記載された次の事項を変更し、又は無線設備の変更の工事（送信機の取替、デジタル化等）をしようとするときは、あらかじめ総務大臣の許可を受けなければならない（法17条１項）。

　　　・無線局の目的　　　・通信の相手方　　　・通信事項
　　　・無線設備の設置場所（空中線の位置等）

関連知識：変更検査
　変更の許可を受けた免許人が、総務大臣の検査を受けること。変更の結果が許可の内容に適合していると認められた後でなければ、許可に係る無線設備を運用してはならない（法18条１項）。登録検査等事業者制度利用で一部省略可能である。

2.4　免許の特例等

2.4.1　特定無線局

　特定無線局とは、次の１又は２のいずれかに該当する無線局であって、適合表示無線設備（小規模な無線局に使用される総務省令で定める無線設備であって、技術基準に適合しているものであることの表示（2.1.1 参考 のマーク参照）が付されたもの）のみを使用するものをいう（法27条の２）。

1　移動する無線局であって、通信の相手方である無線局からの電波を受けることによって自動的に選択される周波数の電波のみを発射する無線局のうち、総務省令で定める無線局（法27条の２・１号）

　具体的な例：電気通信業務を行うことを目的とする陸上移動局（携帯電話）、VSAT 地球局（注）、MCA 陸上移動局、インマルサット携帯移動地球局等（施行15条の２・１項）。

　(注) VSAT 地球局：人工衛星を介して通信を行うための小規模な地球局であって、ネットワークを組む他の一の地球局（制御局）によって送信制御が行われるもの

2　電気通信業務を行うことを目的として陸上に開設する移動しない無線局であって、移動する無線局を通信の相手方とするもののうち、無線設備の設置場所、空中線電力等を勘案して総務省令で定める無線局（法27条の２・２号）。

　具体的な例：電気通信業務用の基地局のうち、屋内に設置される小規模なもの（フェムトセル基地局（注））等（施行15条の２・２項）。

（注）フェムトセル基地局：建物や都市の構造などから電波が届きにくくなる地下街や家の奥部などにおいて半径数メートルから数十メートルの極めて限られた範囲で無線通信エリアを構築する基地局

2.4.2　特定無線局の免許の特例

特定無線局を2以上開設しようとする者は、その特定無線局が目的、通信の相手方、電波の型式及び周波数並びに無線設備の規格を同じくするものに限り、複数の特定無線局を包括して免許を申請することができる（法27条の2）。

2.5　無線局の登録制度

総務大臣の登録を受けて開設する無線局（「登録局」という。）は、無線局の免許を要しない（法4条）。

2.5.1　登録の対象となる無線局、登録の方法等

登録の対象となる無線局は、自らが発射しようとする電波と同じ周波数を受信した場合に一定時間電波を発射しないなど他の無線局に混信を与えないよう運用することができる機能を有し、適合表示無線設備のみを使用して総務省令で定める区域内に開設するものである。また、登録を受けようとするときは、申請書を総務大臣に提出しなければならない（法27条の21・2項）。この登録を受けた者を「登録人」という（法27条の26・1項）。

2.6　無線局の廃止

2.6.1　廃止届

免許人は、その無線局を廃止するときは、その旨を総務大臣に届け出なければならない（法22条）。免許人が無線局を廃止したときは、免許は、その効力を失う（法23条）。

2.6.2　電波の発射の防止及び免許状の返納

免許がその効力を失ったときは、免許人であった者は、次の措置をとらなければならない（法24条、法78条、施行42条の4）。

1　1箇月以内に免許状を返納すること。
2　遅滞なく、空中線の撤去その他総務省令で定める電波の発射を防止するために

必要な措置（電池を取外す、空中線の撤去等）を講じること。

📝 まとめ：第1章から第2章

それぞれ復習してみよう。

第1章　電波法の目的

○電波法の目的とは？

○用語の定義：「無線局」とは？

　　　　　　　「無線従事者」とは？

第2章　無線局の免許

無線局の開設

○無線局を開設しようとする場合は何が必要？

○無線局の免許が与えられない者とは？

　また、免許が与えられないことがある者とは？

免許の有効期間

○無線局（固定局、基地局、陸上移動局等）の免許の有効期間は？

○継続して無線局の開設を必要とする場合は、いつどのようにする？

指定事項又は無線設備の設置場所の変更等

○無線設備の設置場所（空中線位置等）を変更、又は無線設備の変更の工事（送信機の取替、デジタル化等）する場合は、いつどのようにする？

無線局の免許（再免許）申請書の様式

（外資規制の対象外の無線局（法5条2項各号に該当するもの））

（例：船舶局、航空機局、実験試験局、アマチュア局、基地局、陸上移動局、簡易無線局、電気通信業務を行う局等）

無線局免許（再免許）申請書

年　　月　　日

総務大臣　殿

```
┌─────────────────────┐
│                     │
│     収入印紙貼付欄      │
│                     │
│                     │
└─────────────────────┘
```

□電波法第6条の規定により、無線局の免許を受けたいので、無線局免許手続規則第4条に規定する書類を添えて下記のとおり申請します。

□無線局免許手続規則第16条第1項の規定により、無線局の再免許を受けたいので、第16条の2の規定により、別紙の書類を添えて下記のとおり申請します。

□無線局免許手続規則第16条第1項の規定により、無線局の再免許を受けたいので、第16条の3の規定により、添付書類の提出を省略して下記のとおり申請します。

記

1　申請者

住　所	都道府県－市区町村コード〔　　　　　　　　　　　〕
	〒（　　－　　）
氏名又は名称及び代表者氏名	フリガナ
法人番号	

2　電波法第5条に規定する欠格事由

開設しようとする無線局	無線局の種類（法第5条第2項各号）	□　該当 □　該当しない
相対的欠格事由	処分歴等（同条第3項）	□　有　　□　無

3　免許又は再免許に関する事項

①	無線局の種別及び局数	
②	識別信号	
③	免許の番号	
④	免許の年月日	
⑤	希望する免許の有効期間	
⑥	備考	

4　電波利用料

①　電波利用料の前納

電波利用料の前納の申出の有無	□有　　　　□無
電波利用料の前納に係る期間	□無線局の免許の有効期間まで前納します（電波法第 13 条第 2 項に規定する無線局を除く。）。 □その他（　　　　年)

②　電波利用料納入告知書送付先（法人の場合に限る。）

　　□1の欄と同一のため記載を省略します。

住　　所	都道府県－市区町村コード　〔　　　　　　　　　　　　〕 〒（　　－　　）
部署名	フリガナ

5　申請の内容に関する連絡先

所属、氏名	フリガナ
電話番号	
電子メールアドレス	

無線局事項書及び工事設計書（例：簡易無線局、構内無線局、陸上移動局等）

（1／2枚目）

1枚目

無線局事項書及び工事設計書		
1	免許の番号	（　　　　　　　　　局分）
2	申請（届出）の区分	□開設　□変更　□再免許
3	無線局の種別コード	
4	開設、継続開設又は変更を必要とする理由	
5	法人団体個人の別	□法人　□団体　□個人
6	住　所	都道府県－市区町村コード　〔　　　　　　　　　　　〕 〒（　　　　－　　　　） 電話番号（　　　　　　）　　　－
7	氏名又は名称及び代表者氏名	フリガナ
8	希望する運用許容時間	
9	工事落成の予定期日	□日付指定：＿＿＿．＿＿．＿＿ □予備免許の日から＿＿月目の日 □予備免許の日から＿＿日目の日
10	運用開始の予定期日	□免許の日 □日付指定：＿＿＿．＿＿．＿＿ □予備免許の日から＿＿月以内の日 □免許の日から＿＿月以内の日

11	無線設備の設置場所又は常置場所	区分	□設置場所　□常置場所
		住所	都道府県－市区町村コード　〔　　　　　　　　　　　〕
		船舶名	フリガナ
		主たる停泊港又は定置場	

12	移動範囲	基本コード〔　　　　〕　　付加コード〔　　　　　〕 基本コード〔　　　　〕　　付加コード〔　　　　　〕
13	無線局の目的コード	□従たる目的
14	通信事項コード	
15	通信の相手方	
16	識別信号	
17	電波の型式並びに希望する周波数の範囲及び空中線電力	

無線設備を使用する場合に限る。）	工事設計書（検定合格機器又は適合表示	18	送信機	ATIS番号			
				個体識別コード			
				検定番号			
				適合表示無線設備の番号			
				製造番号			
		19	空中線	空中線型式等	基本コード	付加コード	偏波面コード
				高さ（m）			
				利得（dBi）			
		20	附属装置	コード	補足事項		
		21	その他の工事設計	□電波法第3章に規定する条件に合致する。			
		22	備考				

（日本産業規格 A 列 4 番）

無線局事項書及び工事設計書（例：簡易無線局、構内無線局、陸上移動局等）

（2/2枚目）

2枚目

23	無線局の区別				（　　　　局分）	

工事設計書（検定合格機器又は適合表示無線設備を使用する場合を除く。）	24　送信機	通信方式コード				
		通信路数				
		ATIS番号				
		個体識別コード				
		周波数	発射可能な電波の型式及び周波数の範囲			
			定格出力（W）			
			低下させる方法コード			
			低下後の出力（W）			
			変調方式コード			
		製造番号				
	25　空中線	空中線型式等	基本コード	付加コード	偏波面コード	
		高さ（m）				
		利得（dBi）				
	26　給電線等	給電線損失（dB）				
		共用器損失（dB）				
		その他損失（dB）				
	27　空中線に関するその他の事項	□構成が複雑で記載が困難なため、構成を別に添付する。				
	28　附属装置	コード	補足事項			
	29　その他の工事設計	□電波法第3章に規定する条件に合致する。				
	30　添付図面	□無線設備系統図				
	31　備考					

（日本産業規格 A 列 4 番）

無線局免許状の様式と記載例 （免許21条1項、別表6号の2）

（陸上移動業務の無線局の場合）

<table>
<tr><td colspan="6" align="center"><h1>無 線 局 免 許 状</h1></td></tr>
<tr><td>免許人の
氏名又は名称</td><td colspan="5">駒込タクシー株式会社</td></tr>
<tr><td>免許人の住所</td><td colspan="5">東京都豊島区駒込〇―〇―〇</td></tr>
<tr><td>無線局の種別</td><td colspan="2">基地局</td><td>免許の番号</td><td colspan="2">関基第〇〇〇〇号</td></tr>
<tr><td>免許の年月日</td><td colspan="2">〇〇・〇〇・〇〇</td><td>免許の有効期間</td><td colspan="2">令 〇・〇・〇〇まで</td></tr>
<tr><td>無線局の目的</td><td colspan="3">一般業務用</td><td colspan="2">運用許容時間
常　時</td></tr>
<tr><td>通信事項</td><td colspan="5">一般乗用旅客自動車の運行に関する事項</td></tr>
<tr><td>通信の相手方</td><td colspan="5">免許人所属の陸上移動局</td></tr>
<tr><td>識別信号</td><td colspan="5">たくしいこまごめ</td></tr>
<tr><td colspan="6">無線設備の設置場所又は移動範囲
東京都豊島区駒込〇―〇―〇　駒込タクシー株式会社内</td></tr>
<tr><td colspan="6">電波の型式、周波数及び空中線電力
5K80G1D　457.8675MHz　　　　　　　　　　　　　　　　　　5　　　W
5K80G1E</td></tr>
<tr><td colspan="6">備考</td></tr>
</table>

　法律に別段の定めがある場合を除くほか、この無線局の無線設備を使用し、特定の相手方に対して行われる無線通信を傍受してその存在若しくは内容を漏らし、又はこれを窃用してはならない。

　　年　　月　　日　　　　　　　　　　　　　　　関東総合通信局長　　印

（日本産業規格 A 列 4 番）

第3章　無線設備

　無線局の無線設備の良否は、電波の能率的な利用に大きな影響を及ぼすため、電波法では、「無線設備から発射される電波の質」「無線設備の機能及びその機能の維持」について、それぞれの無線通信業務に即した技術基準を定めている。

　ここで、無線設備とは、「無線電信、無線電話その他電波を送り、又は受けるための電気的設備」（法2条4号）をいう。

3.1　電波の質

　電波法では、「送信設備に使用する電波の周波数の偏差及び幅、高調波の強度等電波の質は、総務省令（設備5条〜7条）で定めるところに適合するものでなければならない。」と規定している（法28条）。

　電波の質には総務省令で、次の許容値が定められている。（電波の質のイメージは55ページ参照）

- 周波数の偏差：指定周波数と発射周波数の差（ずれ）
- 周波数の幅：情報を送るための電波の周波数の広がり（占有周波数帯幅）
- 高調波の強度等：送信機内で副次的に発生する不要発射（スプリアス発射及び帯域外発射）の強度

関連知識

1　電波の型式の表示方法

　電波の型式とは、発射される電波がどのような変調方法で、どのような内容の情報を有しているかなどを記号で表示することであり、次のように分類し、一定の3文字の記号を組み合わせて表記する（施行4条の2）【次ページ参照】。

(1)　主搬送波の変調の型式

(2)　主搬送波を変調する信号の性質

(3)　伝送情報の型式

2　周波数の表示方法

　電波の周波数は、次のように表示する。ただし、周波数の使用上特に必要がある場合は、この表示方法によらないことができる（施行4条の3・1項）。

　3,000kHz 以下のもの「kHz」（キロヘルツ）

　3,000kHz を超え3,000MHz 以下のもの「MHz」（メガヘルツ）

　3,000MHz を超え3,000GHz 以下のもの「GHz」（ギガヘルツ）

3　安全施設

　電波法では、「無線設備には、人体に危害を及ぼし、又は物件に損傷を与えることがないように、総務省令（施行21条の3〜27条）で定める施設をしなければならない。」（法30条）と規定している。

電波の型式の表示（施行4条の2）

　電波の型式は、主搬送波の変調の型式、主搬送波を変調する信号の性質及び伝送情報の型式をそれぞれ下表の記号をもって、かつ、その順序に従って表記する。

【例】「主搬送波の変調の型式」が角度変調で周波数変調のもの、「主搬送波を変調する信号の性質」がアナログ信号である単一チャネルのものであって、「伝送情報の型式」が電話の電波の型式は、「F3E」と表記する。

主搬送波の変調の型式		記号	主搬送波を変調する信号の性質	記号	伝送情報の型式	記号
分　　　　　　類		記号	分　　　　　　類	記号	分　　　　　　類	記号
無　　　　　変　　　　　調		N	変調信号なし	0	無　　情　　報	N
振幅変調	両　側　波　帯	A	デジタル信号の単一チャネルで変調のための副搬送波を使用しないもの	1	電　　　信（聴覚受信）	A
	単側波帯・全搬送波	H				
	〃　・低減搬送波	R			電　　　信（自動受信）	B
	〃　・抑圧搬送波	J	デジタル信号の単一チャネルで変調のための副搬送波を使用するもの	2		
	独　立　側　波　帯	B			ファクシミリ	C
	残　留　側　波　帯	C	アナログ信号の単一チャネル	3	データ伝送・遠隔測定・遠隔指令	D
角度変調	周　波　数　変　調	F				
	位　相　変　調	G	デジタル信号の2以上のチャネル	7	電　　　話（音響の放送を含む。）	E
振幅変調及び角度変調であって同時に又は一定の順序で変調するもの		D	アナログ信号の2以上のチャネル	8		
パルス変調	無変調パルス列	P			テレビジョン（映像に限る。）	F
	変調パルス列　振　幅　変　調	K	デジタル信号の1又は2以上のチャネルとアナログ信号の1又は2以上のチャネルを複合	9		
	変調パルス列　幅変調又は時間変調	L			以上の型式の組　　合　　せ	W
	変調パルス列　位置変調又は位相変調	M				
	変調パルス列　パルス期間中に搬送波を角度変調	Q				
	変調パルス列　上記の変調の組合せ又は他の方法による変調	V				
上記に該当しないもので、振幅変調、角度変調又はパルス変調のうち2以上を組み合わせて、同時に、又は一定の順序で変調するもの		W	その　　他	X		
そ　　の　　他		X			そ　　の　　他	X

 ## まとめ：第3章　無線設備

第3章を復習してみよう。

〇電波の質として、総務省令では何の許容値が定められている？

第4章　無線従事者

　電波の能率的な利用を図るためには、無線設備の操作は専門的な知識の下で適切に行われなければならない。このため電波法では、無線設備の操作は、原則として一定の資格を有する無線従事者でなければ行ってはならないとする資格制度を採用し、無線従事者による無線設備の操作、無線従事者の資格、免許等について規定している。

　なお、無線従事者とは、無線設備の操作又はその監督を行う者であって、総務大臣の免許を受けたものをいう（法2条6号）。

4.1　資格制度

4.1.1　無線設備の操作を行うことができる者

　無線局の無線設備の操作は、原則として、「一定の資格を有する無線従事者」又は「主任無線従事者（注1）として選任された者であって免許人等（注2）から選任の届出がされたものにより監督を受ける者」でなければ行うことができない（法39条1項）。

　　ただし、次の場合は、無線従事者の資格がなくても無線設備の操作を行うことができる。

・免許を要しない無線局や陸上移動業務の無線局等の通信操作などの無線従事者の資格を要しない無線設備の簡易な操作（施行33条）を行うとき。

・非常通信業務を行う場合であって、無線従事者を無線設備の操作に充てることができないとき、又は主任無線従事者を無線設備の操作の監督に充てることができないとき（施行33条の2・1項）。

注1：主任無線従事者とは、無線局（アマチュア無線局を除く。）の無線設備の操作の監督を行う者をいう（法39条1項）。

注2：免許人等とは、免許人又は登録人をいう（法6条1項）。

4.1.2　主任無線従事者等

　主任無線従事者制度とは、無線局（アマチュア無線局を除く）の無線設備の操作の監督を行う者として、主任無線従事者として選任された者であってその選任の届出がされたものにより監督を受ければ無資格者や下位資格者であっても無線設備の操作を行うことができるようにした制度である。

　主任無線従事者の要件、職務等は、次のとおりである。

1　主任無線従事者は、無線設備の操作の監督を行うことができる資格に応じた無線従事者であって、総務省令で定める（電波法違反などの非適格）事由に該当し

ないものでなければならない（法39条3項）。

2　無線局の免許人等は、主任無線従事者を選任又は解任したときは、遅滞なく、その旨を所定の様式によって総務大臣に届け出なければならない（法39条4項、施行34条の4）。

3　免許人等は、主任無線従事者以外の無線従事者を選任又は解任したときも同様に届け出なければならない（法51条）。

4　2により選任の届出がされた主任無線従事者は、無線設備の操作の監督に関し総務省令で定める職務を誠実に行わなければならない（法39条5項）。

5　2により選任の届出がされた主任無線従事者の監督の下に無線設備の操作に従事する者は、その主任無線従事者が職務遂行上の必要があるとしてする指示に従わなければならない（法39条6項）。

6　無線局（総務省令で定めるものを除く。）の免許人等は、主任無線従事者に、一定期間ごとに無線設備の操作の監督に関し総務大臣の行う講習を受けさせなければならない（法39条7項）。

4.2　無線設備の操作及び監督の範囲

無線従事者の資格は、総合、海上、航空、陸上及びアマチュアの5つの分野で、合計23の資格に区分されている。このうち陸上の分野の特殊無線技士については、第一級、第二級及び第三級陸上特殊無線技士並びに国内電信級陸上特殊無線技士の4資格がある（法40条1項、施行令2条3項）。

これらの資格を有する者が行うことができる無線設備の操作の範囲、及び監督することができる無線設備の操作の範囲は、資格別に政令（電波法施行令）で定めている（法40条2項）。

第三級陸上特殊無線技士の無線設備の操作の範囲は、次のとおりである（施行令3条1項抜粋）。

第三級陸上特殊無線技士	陸上の無線局（注）（例えば、固定局、基地局、陸上移動局）の無線設備（レーダー及び人工衛星局の中継により無線通信を行う無線局の多重無線設備を除く。）で次に掲げるものの外部の転換装置で電波の質に影響を及ぼさないものの技術操作 1　空中線電力50ワット以下の無線設備で25,010キロヘルツから960メガヘルツまでの周波数の電波を使用するもの 2　空中線電力100ワット以下の無線設備で1,215メガヘルツ以上の周波数の電波を使用するもの

注：「陸上の無線局」とは、海岸局、海岸地球局、船舶局、船舶地球局、航空局、航空地球局、航空機局、航空機地球局、無線航行局及び基幹放送局以外の無線局をいう（施行令3条2項）。

具体的な無線局の例：防災行政用の同報固定局や防災無線、列車無線、タクシー無線、無人移動体画像伝送システム（ドローン）、その他業務用の基地局が含まれる。

4.3 免許

4.3.1 免許の取得

1 免許の要件

(1) **無線従事者になろうとする者は、総務大臣の免許を受けなければならない**（法41条1項）。

(2) 無線従事者の免許は、次のいずれかに該当する者でなければ受けることができない（法41条2項）。

　ア　資格別に行われる無線従事者国家試験に合格した者

　イ　総務大臣が認定した無線従事者の養成課程を修了した者

　ウ　学校教育法に基づく学校の区分に応じ総務省令で定める無線通信に関する科目を修めて卒業した者

　エ　アからウまでに掲げる者と同等以上の知識及び技能を有する者として総務省令で定める一定の資格及び業務経歴その他の要件を備える者

2 免許の申請

　無線従事者の免許を受けようとする者は、総務省令で定める様式の「無線従事者免許申請書」【資料1】に氏名及び生年月日を証する書類、写真等の所定の書類を添えて、総務大臣又は総合通信局長に提出しなければならない（従事者46条）。

3 総務大臣又は総合通信局長は、免許を与えたときは、免許証を交付する【以下参照】（従事者47条1項）。

　また、免許証の交付を受けた者は、無線設備の操作に関する知識及び技術の向上を図るように努めなければならない（従事者47条2項）。

特殊無線技士（第一級海上特殊無線技士を除く。）の無線従事者免許証の様式

（従事者47条、別表13号様式）

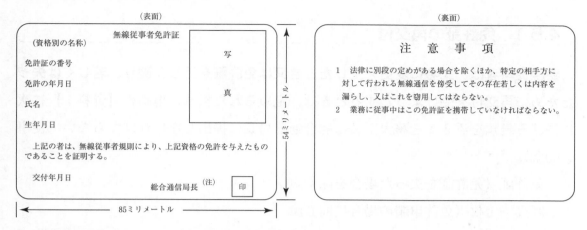

注：沖縄県の区域においては、沖縄総合通信事務所長とする。

4.3.2　欠格事由

　総務大臣は、次のいずれかに該当する者には、無線従事者の免許を与えないことができる（法42条）。

Point

1　**電波法に定める罪を犯し罰金以上の刑に処せられ、その執行を終わり、又はその執行を受けることがなくなった日から2年を経過しない者**（総務大臣又は総合通信局長が特に支障がないと認めたものを除く（従事者45条1項1号）。）

2　**無線従事者の免許を取り消され、取消しの日から2年を経過しない者**（総務大臣又は総合通信局長が特に支障がないと認めたものを除く（従事者45条1項1号）。）

3　**著しく心身に欠陥があって無線従事者たるに適しない者**（視覚、聴覚、音声機能若しくは言語機能又は精神の機能の障害により無線従事者の業務を適正に行うに当たって必要な認知、判断及び意思疎通を適切に行うことができない者）（従事者45条1項2号）。ただし、総務大臣又は総合通信局長がその資格の無線従事者が行う無線設備の操作に支障がないと認める場合はその資格の免許が与えられる（従事者45条2項）。なお、第三級陸上特殊無線技士及びアマチュア無線技士については、精神の機能の障害がある場合を除いて免許の取得が可能である（従事者45条3項）。

4.4　免許証の携帯義務

　無線従事者は、その業務に従事しているときは、免許証を携帯していなければならない（施行38条11項）。

4.5 免許証の再交付又は返納

4.5.1 免許証の再交付

　無線従事者は、氏名に変更を生じたとき又は免許証を汚し、破り、若しくは失ったために再交付を受けようとするときは、定められた様式の申請書【資料1】に次に掲げる書類を添えて総務大臣又は総合通信局長に提出しなければならない（従事者50条）。

・免許証（免許証を失った場合を除く。）
・写真　1枚（免許申請の場合に同じ。）
・氏名の変更の事実を証する書類（氏名に変更を生じた場合に限る。）

4.5.2 免許証の返納

　無線従事者は、次の場合には、その免許証を総務大臣又は総合通信局長に返納しなければならない（従事者51条）。

・無線従事者が免許の取消しの処分を受けたときは、処分を受けた日から10日以内に返納する。
・免許証の再交付を受けた後、失った免許証を発見後10日以内に返納する。
・無線従事者が死亡し、又は失そうの宣告を受けたときは、戸籍法による死亡又は失そう宣告の届出義務者は、遅滞なく、返納する。

✏️ まとめ：第4章　無線従事者
第4章を復習してみよう。

　資格制度のポイント：無線局の無線設備の操作は、一定の資格を有する無線従事者でなければ行ってはならない（又は主任無線従事者の監督を受ける者）。
○第三級陸上特殊無線技士の無線設備の操作の範囲とは？
○免許の取得：無線従事者になろうとする場合、誰から免許を取得する？
○従事者免許の欠格事由：どのような場合に免許が与えられないことがある？
○免許証の取扱い：無線の業務に従事しているときは、どのように取扱う？
○免許証の再交付は、何を添えて誰にどのように手続きをする？

第5章　運用

　無線局の運用とは、電波を発射し、又は受信して通信を行うことが中心であるが、電波は共通の空間を媒体としているため、無線局の運用が適正に行われるかどうかは、電波の能率的利用に直接つながることである。このため電波法令では、電波の能率的な利用を図るため、無線通信の原則、通信方法、非常通信等の重要通信の取扱方法等無線局の運用に当たって守るべき事項を定めている。

5.1　一般

5.1.1　通則

5.1.1.1　目的外使用の禁止等

Point　無線局は、免許状に記載された目的又は通信の相手方若しくは通信事項の範囲を超えて運用してはならない。ただし、次に掲げる通信については、この限りでない（法52条）。

1　遭難通信（船舶又は航空機の遭難時の無線通信）

2　緊急通信（船舶又は航空機の緊急時の無線通信）

3　安全通信（船舶又は航空機の航行に対する重大な危険予防のための無線通信）

4　非常通信（地震、台風、洪水、津波、雪害、火災、暴動その他非常の事態が発生し、又は発生するおそれがある場合において、有線通信を利用することができないか又はこれを利用することが著しく困難であるときに人命の救助、災害の救援、交通通信の確保又は秩序の維持のために行われる無線通信）

5　放送の受信

6　その他総務省令で定める通信（免許状の目的等にかかわらず運用することができる通信）

5.1.1.2　免許状記載事項の遵守

1　無線設備の設置場所、識別信号（呼出名称等）、電波の型式及び周波数

　無線局を運用する場合においては、無線設備の設置場所、識別信号（呼出名称等）、電波の型式及び周波数は免許状等に記載されたところによらなければならない。ただし、遭難通信については、この限りでない（法53条）。

（注）「免許状等」とは、無線局の免許状又は登録状をいう（法53条）。

2　空中線電力

23

　無線局を運用する場合においては、空中線電力は、次に定めるところによらなければならない。ただし、遭難通信については、この限りでない（法54条）。

(1)　免許状等に記載されたものの範囲内であること。

(2)　通信を行うため必要最小のものであること。

3　運用許容時間

　無線局は、免許状に記載された運用許容時間内でなければ、運用してはならない。ただし、5.1.1.1に掲げる通信を行う場合は、この限りでない（法55条）。

5.1.1.3　混信の防止

　無線局は、次のものに対し、その運用を阻害するような混信その他の妨害を与えないように運用しなければならない（法56条1項）。

　ただし、遭難通信、緊急通信、安全通信及び非常通信については（人命の安全又は財貨の保全のための重要な通信であるため）、混信等防止の義務から除外されている（法56条1項）。

1　他の無線局

2　電波天文業務（宇宙から発する電波の受信を基礎とする天文学のための当該電波の受信の業務をいう。）の用に供する受信設備で総務大臣が指定するもの

3　宇宙無線通信の電波の受信を行う受信設備で総務大臣が指定するもの

5.1.1.4　秘密の保護

Point　何人も法律に別段の定めがある場合を除くほか、**特定の相手方に対して行われる無線通信を傍受してその存在若しくは内容を漏らし、又はこれを窃用してはならない**（法59条）。

注：「傍受」とは、積極的意思をもって、自己にあてられていない無線通信を受信すること。

　　「窃用」とは、知ることのできた秘密を自己又は第三者の利益のために利用すること。

【条文の解説】

1　通信の秘密の保護については、日本国憲法（第21条第2項）、国際電気通信連合憲章（第37条）及び無線通信規則（第18条4号）にも通信の秘密を保護するための規定が設けられている。

2　法律に別段の定めがある場合に該当するものは、犯罪捜査のための通信傍受に関する法律に定める場合等がある。

3　電波は拡散性を有することから、無線通信の秘密の保護は、特に留意されなければならない。また、無線局免許状及び無線従事者免許証には、電波法第59条の条文が記載されている。

5.1.2 一般通信方法

5.1.2.1 無線通信の原則

無線局は、無線通信を行うときは、次のことを守らなければならない（運用10条）。

1 **必要のない無線通信は、これを行ってはならない。**

2 **無線通信に使用する用語は、できる限り簡潔でなければならない。**

3 **無線通信を行うときは、自局の識別信号を付して、その出所を明らかにしなければならない。**

4 **無線通信は、正確に行うものとし、通信上の誤りを知ったときは、直ちに訂正しなければならない。**

参考：本章「5.1.2.3 連絡設定の方法」以降の通信方法等において、無線電話通信の業務用語には運用規則14条（別表第4号）に規定する業務用語（資料2）を使用するとともに、通信方法についても無線電信通信の方法に関する規定を準用（運用18条）している。

5.1.2.2 発射前の措置

1 **無線局は、相手局を呼び出そうとするときは、電波を発射する前に、**受信機を最良の感度に調整し、自局の発射しようとする電波の周波数その他必要と認める周波数によって聴守し、**他の通信に混信を与えないことを確かめなければならない。**ただし、次の場合は、この限りでない（運用19条の2・1項）。

・遭難通信、緊急通信及び安全通信を行う場合

・非常の場合の無線通信を行う場合

・海上（航空）移動業務以外の業務において他の通信に混信を与えないことが確実である電波により通信を行う場合

2 1の場合において、**他の通信に混信を与えるおそれがあるときは、その通信が終了した後でなければ呼出しをしてはならない**（運用19条の2・2項）。

5.1.2.3 連絡設定の方法

1 呼出し

呼出しは、次の事項（以下「呼出事項」という。）を順次送信して行うものとする（運用20条1項）。

① **相手局の呼出名称**　　　　3回以下

② **こちらは**　　　　　　　　1回

③ **自局の呼出名称**　　　　　3回以下

2 呼出しの反復及び再開

呼出しは、1分間以上の間隔をおいて2回反復することができる。

また、呼出しを反復しても応答がないときは、少なくとも3分間の間隔をおかなければ、呼出しを再開してはならない（運用21条）。

3　呼出しの中止

無線局は、自局の呼出しが他の既に行われている通信に混信を与える旨の通知を受けたときは、直ちにその呼出しを中止しなければならない（運用22条1項）。

上記の通知をする無線局は、その通知をするに際し、分で表す概略の待つべき時間を示すものとする（運用22条2項）。

4　応答

(1)　無線局は、自局に対する呼出しを受信したときは、直ちに応答しなければならない（運用23条1項）。

(2)　**呼出しに対する応答**は、次の事項（以下「応答事項」という。）を順次送信して行うものとする（運用23条2項）。

①　**相手局の呼出名称**	3回以下	
②　**こちらは**	1回	
③　**自局の呼出名称**	1回	

(3)　(2)の応答に際して、直ちに通報を受信しようとするときは、応答事項の次に「どうぞ」の語を送信するものとする。ただし、直ちに通報を受信することができない事由があるときは、「どうぞ」の代わりに「…分間お待ちください」と送信するものとする。概略の待つべき時間が10分以上のときは、その理由を簡単に送信しなければならない（運用23条3項）。

(4)　応答する場合に、受信上特に必要があるとき（実際上は、感度及び明瞭度が悪いとき）は、自局の呼出名称の次に、「感度」及び強度を表す数字又は「明瞭度」及び明瞭度を表す数字を送信するものとする（運用23条4項）。

なお、感度又は明瞭度を表す数字は、1から5までの段階で示される【資料2】。

5.1.2.4　通報の送信方法

Point　1　通報の送信方法

(1)　呼出しに対して応答を受けたときは、相手局が「お待ちください」を送信した場合及び呼出しに使用した電波以外の電波に変更する場合を除き、直ちに通報の送信を開始するものとする（運用29条1項）。

(2)　通報の送信は、次に掲げる事項を順次送信して行うものとする。ただし、呼出しに使用した電波と同一の電波により通報を送信する場合は、①から③まで

の事項の送信を省略することができる（運用29条2項）。

① 相手局の呼出名称　　　　　1回

② こちらは　　　　　　　　　1回

③ 自局の呼出名称　　　　　　1回

④ 通報

⑤ どうぞ　　　　　　　　　　1回

(3)　通報は、「終り」の語を送信して終るものとする（運用29条3項）。

2　誤った送信の訂正

　　送信中において誤った送信をしたことを知ったときは、「訂正」の語を前置して、正しく送信した適当の語字から更に送信しなければならない（運用31条）。

3　通報の反復

(1)　相手局に対し通報の反復を求めようとするときは、「反復」の語の次に反復する箇所を示すものとする（運用32条）。

(2)　送信した通報を反復して送信するときは、1字若しくは1語ごとに反復する場合又は略語を反復する場合を除いて、その通報の各通ごと又は1連続ごとに「反復」の語を前置するものとする（運用33条）。

5.1.2.5　通報及び通信の終了方法

Point　1　通報の送信の終了

　　通報の送信を終了し、他に送信すべき通報がないことを通知しようとするときは、送信した通報に続いて、次の事項を順次送信するものとする（運用36条）。

① 「こちらは、そちらに送信するものがありません」

② 「どうぞ」

2　受信証

　　通報を確実に受信したときは、次に掲げる事項を順次送信するものとする（運用37条1項）。ただし、海上移動業務以外の業務においては、①から③に掲げる事項の送信を省略できることとなっている（運用37条3項）。

① 相手局の呼出名称　　　　　1回

② こちらは　　　　　　　　　1回

③ 自局の呼出名称　　　　　　1回

④ 了解　　　　　　　　　　　1回

⑤ 最後に受信した通報の番号　1回

　　なお、国内通信の場合は、⑤に代えて受信した通報の通数を示す数字を1回送信することができる（運用37条2項）。

3　通信の終了

　　通信が終了したときは、「さようなら」の語を送信するものとする。ただし、海上移動業務以外の業務ではこれを省略することができる（運用38条）。

5.1.2.6　通信方法の特例

　無線局の通信方法については、無線局運用規則の規定によることが著しく困難であるか又は不合理である場合は、別に告示する方法によることができる（運用18条の2）。

5.1.2.7　試験電波の発射

1　試験電波を発射する前の注意

　　無線局は、無線機器の試験又は調整のため電波の発射を必要とするときは、なるべく擬似空中線回路を使用する（法57条）こととし、発射する前に自局の発射しようとする電波の周波数及びその他必要と認める周波数によって聴守し、他の無線局の通信に混信を与えないことを確かめなければならない（運用39条1項）。

2　試験電波の発射方法

　　1の聴守により、他の無線局の通信に混信を与えないことを確かめた後、次の事項を順次送信する（運用39条1項）。

① ただいま試験中　　　　　　3回
② こちらは　　　　　　　　　1回
③ 自局の呼出名称　　　　　　3回

　　さらに1分間聴守を行い、他の無線局から停止の請求がない場合に限り、

④ 「本日は晴天なり」の連続
⑤ 自局の呼出名称　　　　　　1回

を送信する。この場合において、④及び⑤の送信は、10秒間を超えてはならない。ただし、海上移動業務以外の業務の無線局にあっては、必要があるときは、10秒間を超えて送信することができる（運用39条3項）。

3　試験電波発射中の注意及び発射の中止

(1) 試験又は調整中は、しばしばその電波の周波数により聴守を行い、他の無線局から停止の要求がないかどうかを確かめなければならない（運用39条2項）。

(2) 他の既に行われている通信に混信を与える旨の通知を受けたときは、直ちにその発射を中止しなければならない（運用22条1項）。

5.2　固定業務及び陸上移動業務等

5.2.1　通信方法

5.2.1.1　呼出し又は応答の簡易化

　空中線電力50ワット以下の無線設備を使用して呼出し又は応答を行う場合、確実に連絡の設定ができると認められるときは、次の1の②及び③又は2の①の事項を省略して呼出し又は応答を行うことができる（運用126条の2・1項）。

1　呼出しの場合　※
　①　相手局の呼出名称　　　　　3回以下
　②　「こちらは」　　　　　　　1回………（省略）
　③　自局の呼出名称　　　　　　3回以下…（省略）

2　応答の場合
　①　相手局の呼出名称　　　　　3回以下…（省略）
　②　「こちらは」　　　　　　　1回
　③　自局の呼出名称　　　　　　1回

※呼出事項（1の場合）を省略した無線局は、その通信中少なくとも1回以上自局の呼出名称を送信しなければならない（運用126条の2・2項）。

参考：呼出名称を簡略して使用できる無線局
　空中線電力50ワット以下の無線電話を使用する無線局のうち、「MCA（デジタルMCAを含む。）陸上移動通信を行う指令局及び陸上移動局」については、連絡の設定が容易であり、かつ、混同のおそれがないと認められる場合は、別に定めるところにより簡略した符号又は名称を総務大臣に届け出たうえ、それを使用することができる（運用126条の3、昭和58年告示401号）。

5.2.1.2　通報送信の特例

　特に急を要する内容の通報を送信する場合であって、相手局が受信していることが確実であるときは、相手局の応答を待たないで通報を送信することができる（運用127条の2）。

5.2.1.3　一括呼出し、各局及び特定局あて同報

1　一括呼出し
(1)　免許状に記載された通信の相手方である無線局を一括して呼び出そうとするときは、次の事項を順次送信するものとする（運用127条1項）。
　①　各局　　　　　　　　　　　3回

②	こちらは	1回
③	自局の呼出名称	3回以下
④	どうぞ	1回

(2) 一括呼出しに対する各無線局の応答順位は、関係の免許人においてあらかじめ定めておかなければならない（運用127条2項）。

(3) 一括呼出しを受けた無線局は、その順序に従って応答しなければならない（運用127条3項）。

2 特定局あて一括呼出し

(1) 2以上の特定の無線局を一括して呼び出そうとするときは、次に掲げる事項を順次送信して行うものとする（運用127条の3・1項）。

①	相手局の呼出名称（又は識別符号）	それぞれ2回以下
②	こちらは	1回
③	自局の呼出名称	3回以下
④	どうぞ	1回

(2) ①の相手局の呼出名称は、「各局」に地域名を付したものをもって代えることができる（運用127条の3・2項）。

例：千鳥地区各局　等

3 各局あて同報

免許状に記載された通信の相手方に対して同時に通報を送信する場合は、次の事項を順次送信して行うものとする（運用127条の4、59条）。

①	各局	3回以下
②	こちらは	1回
③	自局の呼出名称	3回以下
④	通報の種類	1回
⑤	通報	2回以下

4 特定局あて同報

2以上の特定の通信の相手方に対して同時に通報を送信しようとするときは、2の(1)の①から③までの事項に引き続き通報を送信して行うものとする（運用128条1項）。

5.2.2 非常通信及び非常の場合の無線通信

5.2.2.1 意義

Point　1 「非常通信」又は「非常の場合の通信」は、どちらも地震、台風、洪水、津波、雪害、火災、暴動その他非常の事態が発生し、又は発生するおそれがある場合に

おいて、人命の救助、災害の救援、交通通信の確保又は秩序の維持のために行う通信であるが、以下のとおりそれぞれ通信に関する条件等の違いがある。

⑴ 「非常通信」は、地震、台風等非常の事態が発生する等の状況下、**有線通信を利用することができないか又はこれを利用することが著しく困難であるときに無線局（免許人）の自主的判断によって人命救助等のために行われる無線通信である**（法52条）。

⑵ 「非常の場合の通信」は、非常の事態の発生等の状況や人命救助等の通信を行う目的は同じであるが、この**通信は無線局の自主的判断の有無を問わず、かつ、有線通信の利用の可否に関わらず総務大臣の判断（命令）に基づいて行われる無線通信**（法74条）である。このことから、国はこの通信に要した実費を無線局に対して弁償することとなっている（法74条2項）。

5.2.2.2 通信の特則、通信方法及び取扱いに関する事項

1 非常通信の特則

「非常通信」は、法令上次のような特別の取扱いがなされている。

⑴ **無線局の免許状に記載された目的、通信の相手方若しくは通信事項の範囲を超えて、また、運用許容時間外でもこの通信を行うことができる**（法52条、55条）。

⑵ **他の無線局等にその運用を阻害するような混信その他の妨害を与えないよう運用しなければならないという混信等防止の義務から除外されている**（法56条1項）。

2 通信方法及び取扱いに関する事項

⑴ 非常通信は、免許状に記載された識別信号（呼出名称)、電波の型式及び周波数を使用して行う（法53条）。

⑵ 連絡設定のための呼出し及び応答は、呼出事項又は応答事項に「非常」3回を前置して行うものとする（運用131条）。

⑶ 各局あて又は特定の無線局あての一括呼出し又は同時送信を行う場合は、「各局」（各局あての場合）又は相手局の呼出名称（特定の無線局あての場合）の送信の前に「非常」3回を送信するものとする（運用133条）。

⑷ 通報を送信しようとするときは、「ヒゼウ」を前置して行うものとする（運用135条）。

3 「非常」を受信した場合の措置

「非常」を前置した呼出しを受信した無線局は、応答する場合を除くほか、これに混信を与えるおそれのある電波の発射を停止して傍受しなければならない

（運用132条）。

4　取扱いの停止

　　無線局は、非常通信の取扱いを開始した後、有線通信の状態が復旧した場合は、速やかにその取扱いを停止しなければならない（運用136条）。

5.2.2.3　非常の場合の無線通信の送信順位

1　非常の場合の無線通信における通報の送信の優先順位は、次のとおりとする。同順位の内容のものであるときは、受付順又は受信順に従って送信しなければならない（運用129条1項）。

(1)　人命の救助に関する通報

(2)　天災の予報に関する通報（主要河川の水位に関する通報を含む。）

(3)　秩序維持のために必要な緊急措置に関する通報

(4)　遭難者救援に関する通報（日本赤十字社の本社及び支社相互間に発受するものを含む。）

(5)　電信電話回線の復旧のため緊急を要する通報

(6)　鉄道線路の復旧、道路の修理、罹災者の輸送、救済物資の緊急輸送等に必要な通報

(7)　非常災害地の救援に関し、次の機関相互間に発受する緊急な通報

　　中央防災会議並びに緊急災害対策本部、非常災害対策本部及び特定災害対策本部

　　地方防災会議等

　　災害対策本部

(8)　電力設備の修理復旧に関する通報

(9)　その他の通報

2　1の順位によることが不適当であると認める場合は、適当と認める順位に従って送信することができる（運用129条2項）。

5.2.2.4　非常の場合の通信の円滑な実施を確保するために必要な体制の整備等

1　総務大臣は、非常の場合の無線通信の円滑な実施を確保するために必要な体制の整備をするため、非常の場合における通信計画の作成、通信訓練の実施その他必要な措置を講じておかなければならない。このため、免許人等の協力を求めることができる（法74条の2）。

参考：非常通信協議会

　上記1の目的を達成するため、国、地方公共団体、その他の無線局の免許人等で組織された「非常通信協議

会」があり、毎年通信訓練を行うなどの活動をしている。

2　非常の場合の無線通信の訓練

　非常の場合の無線通信の訓練のための通信は、非常の場合の無線通信の通信方法に準じて行う。この場合、「非常」及び「ヒゼウ」の略語は、「クンレン」と読み替えて使用するものとする（運用135条の2）。

5.2.3　無線局の運用の限界（免許人等以外の者による無線局の運用）

　免許人又は登録人（以下「免許人等」という。）の事業又は業務の遂行上必要な事項についてその免許人等以外の者が行う無線局の運用であって、総務大臣が告示するものの場合は、当該免許人等がする無線局の運用とする。（施行5条の2）

　無線局は免許人等以外の者による運用は認められないものである。しかしながら、昨今、免許人等の事業などを下請けや子会社を使用して行う事例が多くなっている。このような場合、総務大臣が告示する一定の条件に適合するものについて、免許人等は、無線局の運用を免許人等以外の者に行わせることができ、当該免許人等がする無線局の運用とするものとされる。その告示の概要は、次のとおりである。

　免許人等から無線局の運用を行う免許人等以外の者（以下「運用者」という。）に対して、法令の定めるところによる無線局の適正な運用の確保について適切な監督が行われているものであって、概要は以下のとおり。

1　スポーツ、競技、教養文化活動等の用に供する建物等において、その利用者である運用者が行う無線局の運用であって免許人等がその運用を認めているもの

2　教育、職業訓練等の事業又は業務の用に供する無線局を児童、生徒、受講者等である運用者による運用であって免許人等がその運用を認めているもの

3　免許人等が運用者に専ら非常時又は緊急時の措置をとらせるために開設する無線局の運用者による運用であって旅客運送事業等のため、列車、自動車その他の陸上を移動するものに免許人等が開設するもの又は免許人等が設置・管理する建物、施設において使用するために開設する無線局の運用であって、いずれも総務省令に定める簡易な操作によるもの

4　免許人等と運用者との間において無線局の開設目的に係る免許人等の事業又は業務を運用者が行うことについての契約関係がある場合における当該無線局の運用

✏️ まとめ：第5章　運用

第5章を復習してみよう。

○目的外の使用の禁止：無線局はどのような運用はしてはならない？

○免許状記載事項の遵守：無線局を運用する場合、守らなければならない免許
状の記載事項とは？

○通信の秘密の保護として、特定の相手方に対する無線通信について、しては
ならないことは？

○一般通信における無線通信の原則： 4つの原則は？

○発射前の措置： 2つの措置は？

○連絡設定の方法：「呼出の方法」、「応答の方法」それぞれどのように行う？

○非常通信は、どのような時にどのような目的で行われる無線通信のことをい
う？

○非常通信は、どのような特則（例外）があるのか確認してみよう。

○非常の場合の無線通信は、どのような時にどのような目的で行われる無線通
信のことをいう？

○「非常」を前置した呼出しを受信した無線局は、応答する場合以外はどう対
応するのか？

第6章　業務書類

電波法では、無線局を適正に管理し運用するために業務書類等の備付けを義務付けている。無線従事者は、これらのものを適切に管理することが求められる。

■ 6.1　業務書類

無線局には、**正確な時計及び無線業務日誌その他総務省令で定める書類（免許状等）を備え付けておかなければならない**。ただし、総務省令で定める無線局については、これらの全部又は一部の備付けを省略することができる（法60条）。

6.1.1　備付けを要する業務書類

備付けを要する業務書類は、無線局の種別ごとに定められており、陸上特殊無線技士に関係のある無線局の例をあげると次のとおりである（施行38条1項抜粋）。

陸上移動局、携帯局、携帯移動地球局、簡易無線局、構内無線局	免許状（注1）
その他の無線局	1　免許状（注1） 2　無線局の免許申請書の添付書類の写し（再免許を受けた無線局にあっては、最近の再免許の申請に係るもの並びに免許規則16条の3の規定により提出を省略した添付書類と同一の記載内容を有する添付書類の写し及び同規則第17条の規定により提出を省略した工事設計書と同一の記載内容を有する工事設計書の写し）（注2） 3　免許規則12条（同規則25条第1項において準用する場合を含む。）の変更の申請書の添付書類及び届出書の添付書類の写し（再免許を受けた無線局にあっては、最近の再免許後における変更に係るもの）（注2）

（注1）免許状等のスキャナ読取り等によって保存することにより、書面の無線局免許状等の備付けに代えることができる（ただし、船舶局、無線航行移動局及び船舶地球局を除く。）。

（注2）電子申請を行った無線局の免許の申請書等の添付書類等については、当該書類等に係る電磁的記録を備付けとすることができる。

（注3）注1、2については必要に応じ直ちに表示することができる方法をもって備付けとすることができる。

参考：**時計及び業務書類等の備付けの省略**

法60条ただし書の規定に基づき、固定局、基地局、携帯基地局、陸上移動局及び携帯局等の陸上の無線局は、時計の備付けの省略が認められている。無線業務日誌についても、地上基幹放送局等の放送関係の無線局及び非常局（非常通信業務のみを行うことを目的として開設する無線局をいう。）を除き、備付けの省略が認められている（施行38条の2、昭和35年告示1017号）。

6.2　免許状

6.2.1　備付けの義務

1　**無線局には、免許状を備え付けておかなければならない**（施行38条１項）。

2　**陸上移動局、携帯局、**無線標定移動局、携帯移動地球局、陸上を移動する地球局であって停止中にのみ運用を行うもの又は移動する実験試験局（宇宙物体（人工衛星）に開設するものを除く。）、簡易無線局若しくは気象援助局等にあっては、**その無線設備の常置場所**（VSAT地球局にあっては、VSAT制御地球局の無線設備の設置場所）**に免許状を備え付けなければならない**（施行38条３項）。

3　包括免許に係る特定無線局にあっては、当該包括免許に係る手続を行う包括免許人の事務所に免許状を備え付けなければならない（施行38条８項）。

6.2.2　訂正、再交付又は返納

1　免許状の訂正

　　免許人は、免許状に記載した事項に変更を生じたときは、その免許状を総務大臣に提出し、訂正を受けなければならない（法21条）。

2　免許状の再交付

(1)　免許人は、免許状を破損し、汚し、失った等のために免許状の再交付を申請しようとするときは、所定の事項を記載した申請書を総務大臣又は総合通信局長に提出しなければならない（免許23条１項）。

(2)　免許人は、免許状の交付を受けたときは、遅滞なく、旧免許状を返さなければならない。ただし、免許状を失った等のため、これを返すことができないときは、この限りでない（免許23条３項）。

3　免許状の返納

　　無線局の免許がその効力を失ったときは、免許人であった者は、１箇月以内にその免許状を返納しなければならない（法24条）。

　　無線局の免許がその効力を失うときとは、次の場合である。

(1)　無線局の免許の取消し（処分）を受けたとき（7.3.1参照）

(2)　無線局を廃止したとき（免許人が廃止届を提出する。）

(3)　無線局の免許の有効期間が満了したとき

第６章、第７章、第８章のまとめは、42ページです。

第7章　監督

　監督とは、総務大臣が無線局の免許、許可等の権限との関連において、免許人等、無線従事者その他の無線局関係者等の電波法上の行為について、これらの者の守るべき義務に違反することがないか、適正に行われているかについて絶えず注意し、行政目的を達成するために必要に応じ、指示、命令、処分等を行うことである。

7.1　電波の発射の停止

1　臨時の電波の発射の停止

　総務大臣は、無線局の発射する電波の質（周波数の偏差及び幅、高調波の強度等）が総務省令（設備5条〜7条）で定めるものに適合していないと認めるときは、その無線局に対して臨時に電波の発射の停止を命ずることができる（法72条1項）。

2　停止の解除

　総務大臣は、臨時に電波の発射の停止の命令を受けた無線局から、その発射する電波の質が総務省令の定めるものに適合するに至った旨の申し出を受けたときは、その無線局に電波を試験的に発射させ、総務省令で定めるものに適合していると認めるときは、直ちに電波の発射の停止を解除しなければならない（法72条2項、3項）。

7.2　無線局の検査

7.2.1　定期検査

　総務大臣は、総務省令（施行41条の3、41条の4）で定める時期ごとに、あらかじめ通知する期日に、その職員を無線局（総務省令（施行41条の2の6）で定めるものを除く。(注)）に派遣し、その**無線設備、無線従事者の資格**（主任無線従事者の要件に係るものを含む。）**及び員数並びに時計及び書類**を検査させる。ただし、当該無線局の発射する電波の質又は空中線電力に係る無線設備の事項以外の事項の検査を行う必要がないと認める無線局については、その無線局に電波の発射を命じて、その発射する電波の質又は空中線電力の検査（非臨局の検査）を行う（法73条1項）。これらの検査を「定期検査」と呼んでいる。

（注）総務省令（施行41条の2の6）で定める無線局については、定期検査を行う必要性が低いことから定期

検査は実施されない（資料3）。

7.2.2　臨時検査

総務大臣は、次に掲げる場合には、その職員を無線局に派遣し、その無線設備等を検査させることができる（法73条5項）。この検査を「臨時検査」と呼んでいる。

1　無線設備が電波法第3章（無線設備）に定める技術基準に適合していないと認め、当該無線設備を使用する無線局の免許人等に対し、その技術基準に適合するように当該無線設備の修理その他の必要な措置をとるべきことを命じたとき（下記 参考 参照）。

2　無線局の発射する電波の質が、総務省令で定めるものに適合していないと認め、臨時に電波の発射の停止を命じたとき（7.1　1参照）。

3　上記の命令を受けた無線局から、その発射する電波の質が総務省令の定めるものに適合するに至った旨の申出があったとき（7.1　2参照）。

4　その他電波法の施行を確保するため特に必要があるとき。

参考：技術基準適合命令

　総務大臣は、無線設備が電波法第3章に定める技術基準に適合していないと認めるときは、当該無線設備を使用する無線局の免許人等に対し、その技術基準に適合するように当該無線設備の修理その他の必要な措置をとるべきことを命ずることができる（法71条の5）。

7.3　無線局の免許の取消し、運用停止又は運用制限

7.3.1　免許の取消し

1　総務大臣は、免許人が免許を受けることができない者となったときは、その免許を取り消さなければならない（法75条1項）。

2　総務大臣は、免許人（包括免許人を除く。）が以下のいずれかに該当するときは、その免許を取り消すことができる（法76条4項）。

(1)　正当な理由がないのに、無線局の運用を引き続き6月以上休止したとき。

(2)　不正な手段により無線局の免許若しくは無線局の目的の変更等の許可を受け、又は指定の変更を行わせたとき。

(3)　無線局の運用の停止命令又は運用の制限に従わないとき。

(4)　免許人が、電波法又は放送法に規定する罪を犯し罰金以上の刑に処せられたこと等によって、無線局の免許を与えられないことがある者に該当するに至ったとき。

　なお、包括免許人、登録人についても同様の取り消しがある。

7.3.2 運用の停止又は運用の制限

　総務大臣は、免許人等が電波法、放送法若しくはこれらの法律に基づく命令又は
これらに基づく処分に違反したときは、３月以内の期間を定めて無線局の運用の停
止（登録人については、登録の全部又は一部の効力を停止）を命じ、又は期間を定
めて運用許容時間、周波数若しくは空中線電力を制限することができる（法76条１
項）。

7.4　無線従事者の免許の取消し又は従事停止

　総務大臣は、無線従事者が次のいずれかに該当するときは、その免許を取り消し、
又は３箇月以内の期間を定めてその業務に従事することを停止することができる
（法79条１項）。

1　電波法若しくは電波法に基づく命令又はこれらに基づく処分に違反したとき。

2　不正な手段により無線従事者の免許を受けたとき。

3　著しく心身に欠陥があって無線従事者たるに適しない者となったとき。

7.5　非常通信を行った場合等の報告

1　免許人等は、次に掲げる場合は、総務省令で定める手続により、総務大臣に報
告しなければならない（法80条）。

⑴　遭難通信、緊急通信、安全通信又は非常通信を行ったとき。

⑵　電波法又は電波法に基づく命令の規定に違反して運用した無線局を認めたと
き。

2　１の報告は、できる限り速やかに文書によって行わなければならない（施行42
条の５）。

　第６章、第７章、第８章のまとめは、42ページです。

第8章　罰則等

8.1　電波利用料制度

電波利用料制度は、良好な電波環境の構築・整備に係る費用を無線局の免許人等が公平に分担し、電波の監視や規正、総合無線局管理ファイルの作成など行政事務の円滑・効率化、周波数の効率的利用に関する研究開発など電波利用のための共益費用として納付される制度である。

1　無線局の免許人等は、免許の日から30日以内（翌年以降は免許等の日に当たる日（応当日）から30日以内）に電波利用料を総務省から送付される納入告知書により納付する。

2　電波利用料は、無線局の種別、周波数帯、周波数の幅、空中線電力、設置場所、使用形態等で年額を定めている。（法103条の2別表6～9）

【電波利用料の一例】（令和4年10月1日現在）

　基地局：22,800円（3.6GHz 以下の周波数、周波数帯幅 6MHz 以下、空中線電力 0.01W を超のもの）

　陸上移動局：400円（3.6GHz 以下の周波数、周波数帯幅 6MHz 以下のもの）

8.2　罰則

電波法は、「電波の公平かつ能率的な利用を確保することによって、公共の福祉を増進する」ことを目的としており、この目的を達成するために、一般国民、無線局の免許人及び無線従事者等に対して「○○をしなければならない。」や「○○をしてはならない。」という義務を課し、この義務の履行を期待している。この義務が履行されない場合は、電波法の行政目的を達成することも不可能となるため、罰則をもってこれらの義務の履行を確保することとしている。

 電波法第9章（罰則）では、電波法に違反した場合の罰則を設け、電波法の法益の確保及び違反の防止と抑制を図っている。

8.2.1　不法開設又は不法運用

無線局の不法開設又は不法運用とは、免許を受けないで、無線設備を設置し、又は電波を発射して通信を行うことである。このような不法行為は、厳しく処罰される。

 電波法第110条は、「**無線局の免許又は登録がないのに、無線局を開設し、又は運**

用した者は、1年以下の懲役（注）又は100万円以下の罰金に処する。」と規定している。

（注）改正刑法の施行に伴い、令和7年6月1日から施行される改正電波法の罰則規定において「懲役」が「拘禁刑」として施行される。（以下その他の罰則においても同じ。）

8.2.2 その他の罰則

その主なもの

1 虚偽の通信等を発した場合

　　自己若しくは他人に利益を与え、又は他人に損害を加える目的で、無線設備によって虚偽の通信を発した者

　　3年以下の懲役又は150万円以下の罰金（法106条1項）

2 重要通信に妨害を与えた場合

　　電気通信業務又は放送の業務の用に供する無線局の設備又は人命若しくは財産の保護、治安の維持、気象業務、電気事業に係る電気の供給の業務若しくは鉄道事業に係る列車の運行の業務の用に供する無線設備を損壊し、又はこれに物品を接触し、その他その無線設備の機能に障害を与えて無線通信を妨害した者

　　5年以下の懲役又は250万円以下の罰金（法108条の2）

　　未遂罪も罰する（同条2項）。

3 通信の秘密を漏らし又は窃用した場合

（1）無線局の取扱中に係る無線通信の秘密を漏らし、又は窃用した者

　　　1年以下の懲役又は50万円以下の罰金（法109条1項）

（2）**無線通信の業務に従事する者がその業務に関し知り得た無線通信の秘密を漏らし、又は窃用したとき**

　　　2年以下の懲役又は100万円以下の罰金（法109条2項）

4 無線局の運用違反

　　免許状の記載事項（法52条〜55条関係）遵守の義務に違反して無線局を運用した者

　　1年以下の懲役又は100万円以下の罰金（法110条）

5 無資格操作

　　無線従事者の資格のない者が、主任無線従事者として選任された者であって選任の届出がされたものの監督を受けないで、無線設備の操作を行った者

　　30万円以下の罰金（法113条）

6 両罰規定

　　法人の代表者又は法人若しくは人の代理人、その他の従事者がその法人等の業

務に関し、電波法第110条、第110条の2又は第111条から第113条までの規定の違反行為をしたときは、行為者を罰するほか、その法人又は人に対しても罰金刑を科す（法114条）。

✏ まとめ：第6章から第8章
それぞれ復習してみよう。

第6章　業務書類

○業務書類等：無線局に、備付けの義務のあるものは何？

○免許状：備付け場所はどのような場所？

○免許状の訂正：免許人は、免許状の訂正をする場合は何を誰にどのようにする？

第7章　監督

○無線局定期検査はどのような時に、何を検査する？

○無線局臨時検査はどのような時に、何を検査する？

○どのような時に、無線局免許は取り消しをされる？

○どのような時に、無線従事者の免許は取り消しをされる？
　また、従事停止期間は？

○非常通信を行った場合等の報告は誰に報告を行わなければならない？
　また、非常通信を行った場合以外で、どのような場合に報告を行わなければならない？

第8章　罰則等

・罰則の例

○無線局の免許等がないのに無線局を開設し、又は運用した者の罰則は？

○無線通信の業務に従事する者がその業務に関し知り得た無線通信の秘密を漏らし、又は窃用したときの罰則は？

法規　資料

資料1　特殊無線技士の免許（免許証再交付）申請書の様式

（従事者46条、50条、別表11号）

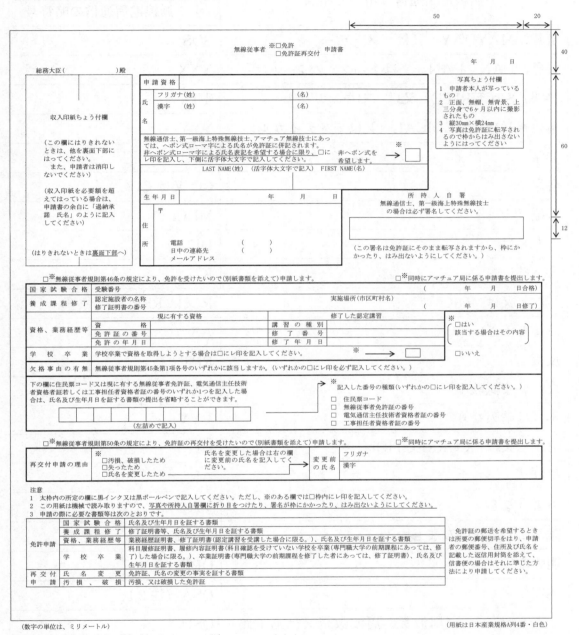

（数字の単位は、ミリメートル）　　　　　　　　　　　　　　　　　　　　　　　　　　　　　　（用紙は日本産業規格A列4番・白色）

注　総務大臣又は総合通信局長がこの様式に代わるものとして認めた場合は、それによることができる。

資料2　無線電話通信の略語（運用14条、別表4号抜粋）

無線電話通信に用いる略語	意義又は左欄の略語に相当する無線電信通信の略符号
遭難、MAYDAY　又は　メーデー	$\overline{\text{SOS}}$
緊急、PAN　PAN　又は　パン　パン	XXX
警報、SECURITE　又は　セキュリテ	TTT
衛生輸送体、MEDICAL　又は　メディカル	YYY
非常	$\overline{\text{OSO}}$
各局	CQ 又は CP
医療	MDC
こちらは	DE
どうぞ	K
了解　又は　OK	R 又は RRR
お待ち下さい	$\overline{\text{AS}}$
反復	RPT
ただいま試験中	EX
本日は晴天なり	VVV
訂正　又は　CORRECTION	$\overline{\text{HH}}$
終り	$\overline{\text{AR}}$
さようなら	$\overline{\text{VA}}$
誰かこちらを呼びましたか	QRZ?
明瞭度	QRK（注1）
感度	QSA（注2）
そちらは・・・（周波数、周波数帯又は通信路）に変えてください	QSU
こちらは・・・（周波数、周波数帯又は通信路）に変更します	QSW
こちらは・・・（周波数、周波数帯又は通信路）を聴取します	QSX
通報が・・・（通数）あります	QTC
通報はありません	QRU

（注1） QRK（信号の明瞭度）の意義（運用別表2号）

【問い】 こちらの信号の明瞭度は、どうですか。

【答え又は通知】 そちらの信号の明瞭度は、

    1　悪いです。

    2　かなり悪いです。

    3　かなり良いです。

    4　良いです。

    5　非常に良いです。

（注2） QSA（感度）の意義（運用別表2号）

【問い】 こちらの信号の強さは、どうですか。

【答え又は通知】 そちらの信号の強さは、

    1　ほとんど感じません。

    2　弱いです。

    3　かなり強いです。

    4　強いです。

    5　非常に強いです。

資法
料規

資料3　定期検査を行わない無線局（施行41条の2の6　抜粋）

1　固定局であって、次に掲げるもの

・単一通信路のもの

・多重通信路のもののうち、無線設備規則第49条の22の2、第57条の2の2、第57条の3の2又は第58条の2の12においてその無線設備の条件が定められているもの

4　基地局（空中線電力が1ワット以下のものに限る。）

5　携帯基地局（空中線電力が1ワット以下のものに限る。）

6　無線呼出局（電気通信業務を行うことを目的として開設するものであって、空中線電力が1ワットを超えるものを除く。）

7　陸上移動中継局（空中線電力が1ワット以下のものに限る。）

11　陸上移動局

12　携帯局

14　無線標定陸上局（426.0MHz、10.525GHz、13.4125GHz、24.2GHz又は35.98GHzの周波数の電波を使用するものに限る。）

15　無線標定移動局

16　地球局（VSAT地球局に限る。）

19　携帯移動地球局

20　実験試験局

21　実用化試験局（基幹放送を行うものであって人工衛星に開設するものを除く。）

23　簡易無線局

24　構内無線局

資法
料規

無線工学

無線工学第1章
無線工学第2章
無線工学第3章
無線工学第4章
無線工学第5章
無線工学第6章
無線工学第7章
無線工学資料

第1章 電波の性質

■ 1.1 電波の発生

アンテナに高周波電流（周波数が非常に高い電流）を流すと電波が空間に放射される。電波は波動であり電磁波とも呼ばれ、第1.1図のように互いに直交する電界成分と磁界成分から成り、アンテナから放射されると光と同じ速度で空間を伝わる。この放射された電波は、非常に複雑な伝わり方で減衰する。

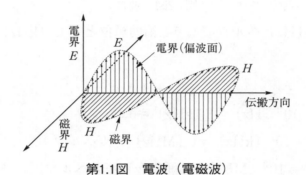

第1.1図　電波（電磁波）

■ 1.2 基本性質

電波を情報伝達手段として利用するのが無線通信や放送であり、電波には次に示す基本的な性質がある。

1　電波は波であり、発射点より広がって伝わり、少しずつ減衰する。

2　電波は電磁波とも呼ばれ、電界成分と磁界成分を持っている。

　　なお、赤外線、可視光線及び紫外線も電磁波であるが、周波数は電波より高い。

3　**電波が空間（真空中）を伝わる速度は、1秒間に30万km（3×10^8〔m/s〕）で、光と同じであり、地球7周半の距離と等しい。**

4　電波には、直進、減衰、反射、屈折、回折、散乱、透過などの基本的な特性があり、それらの程度は周波数（1秒間の振動数）や伝搬環境（市街地、郊外、海上、上空など）によって異なる。

■ 1.3 波長と周波数

1.3.1 波長と周波数の関係

電波を正弦波形で表すと、第1.2図のように表示される。

無線工学
第1章
電波の性質

その山と山または谷と谷の間の長さを波長と呼び、**1秒間の波の数（振動数）を周波数**という。

無線工学では、電波の速度を c〔m/s〕、周波数を f〔Hz〕、波長を λ〔m〕（ギリシャ文字のラムダ）で表す。

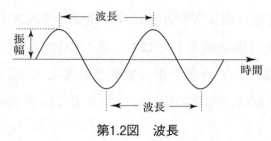

第1.2図　波長

周波数の単位は、〔Hz〕ヘルツであり、補助単位として〔kHz〕、〔MHz〕、〔GHz〕、〔THz〕を用いる。

$$1000 \text{〔Hz〕} = 10^3 \text{〔Hz〕} = 1 \text{〔kHz〕 キロヘルツ}$$

$$1000 \text{〔kHz〕} = 10^3 \text{〔kHz〕} = 1 \text{〔MHz〕 メガヘルツ}$$

$$1000 \text{〔MHz〕} = 10^3 \text{〔MHz〕} = 1 \text{〔GHz〕 ギガヘルツ}$$

$$1000 \text{〔GHz〕} = 10^3 \text{〔GHz〕} = 1 \text{〔THz〕 テラヘルツ}$$

波長 λ〔m〕は、次の式で求められる。

$$\lambda \text{〔m〕} = \frac{\text{電波の速度}}{\text{周波数}} = \frac{c \text{〔m/s〕}}{f \text{〔Hz〕}} = \frac{3 \times 10^8 \text{〔m/s〕}}{f \text{〔Hz〕}}$$

このことから、**周波数が高くなると波長が短くなる**（周波数と波長は反比例の関係）ことがわかる。波長はアンテナの長さ（大きさ）を決める重要な要素である。

1.3.2　具体的な事例

1　60〔MHz〕の場合

ここで、防災行政無線の「市町村デジタル同報通信システム」で用いられている60〔MHz〕の波長を求める。

はじめに、周波数の単位を〔MHz〕から〔Hz〕に変える。

$$60 \text{〔MHz〕} = 60 \times 10^6 \text{〔Hz〕}$$

よって波長 λ は、

$$\lambda \text{〔m〕} = \frac{c \text{〔m/s〕}}{f \text{〔Hz〕}} = \frac{3 \times 10^8}{60 \times 10^6} = \frac{3 \times 10^2}{60} = \frac{300}{60} = 5 \text{〔m〕}$$

として求められる。

2　600〔MHz〕の場合

さらに、波長と周波数の関係を確認するため、地上デジタルテレビジョン放送で用いられている600〔MHz〕の波長を求める。

　　　600〔MHz〕= 600×10^6〔Hz〕

よって波長λは、

$$\lambda \,〔m〕= \frac{c \,〔m/s〕}{f \,〔Hz〕} = \frac{3 \times 10^8}{600 \times 10^6} = \frac{3 \times 10^2}{600} = \frac{300}{600} = 0.5 \,〔m〕$$

として求められる。

　周波数が600〔MHz〕の電波の波長は、0.5〔m〕である。

1.4　電波の偏波

　電波の電界の方向を偏波と呼び大地に対して水平なものが水平偏波、垂直なものが垂直偏波である。水平偏波と垂直偏波は、直交関係にあり相互に干渉しにくい。

　また、偏波面が回転するのが円偏波であり、進行方向に対して右回転を右旋円偏波、左回転を左旋円偏波と呼び、これらは直交関係にあり相互に干渉しにくい。

1.5　電波の分類と利用状況

　電波は、波長または周波数で区分されることが多い。周波数帯別の代表的な用途は第1表〔次ページ〕のとおりである。

✎ まとめ：第1章　電波の性質
第1章を復習してみよう。

1.2　基本性質
①電波が空間を伝わる速度は、1秒間に30万km（3×10^8〔m/s〕）で、光と同じであり、地球7周半の距離と等しい。

1.3　波長と周波数
①1秒間の波の数（振動数）を周波数という。

②周波数が高くなると波長が短くなる。

③周波数が600〔MHz〕の電波の波長は、0.5〔m〕である。

第1表 電波の分類（周波数帯ごとの代表的な用途）

周 波 数	波 長	名 称	各周波数帯ごとの代表的な用途
3〔kHz〕 — 30〔kHz〕	100〔km〕 — 10〔km〕	V L F 超 長 波	
— 300〔kHz〕	— 1〔km〕	L F 長 波	船舶・航空機用ビーコン 標準電波
3,000〔kHz〕 3〔MHz〕	100〔m〕	M F 中 波	船舶通信 中波放送（AMラジオ）
— 30〔MHz〕	— 10〔m〕	H F 短 波	船舶・航空通信 短波放送　アマチュア無線
— 300〔MHz〕	— 1〔m〕	V H F 超 短 波	FM放送　防災行政無線 消防無線　警察無線　列車無線 航空管制通信 各種陸上・海上移動通信
3,000〔MHz〕 3〔GHz〕	10〔cm〕	U H F 極超短波	テレビジョン放送　レーダー 携帯電話　各種陸上移動通信 無線LAN　MCAシステム アマチュア無線　電子タグ　ドローン
— 30〔GHz〕	— 1〔cm〕	S H F マイクロ波	マイクロ波中継 レーダー 衛星通信　衛星放送　ドローン
— 300〔GHz〕	— 1〔mm〕	E H F ミリメートル波 （ミリ波）	衛星通信 レーダー 簡易無線 電波天文
— 3,000〔GHz〕	— 0.1〔mm〕	サブミリ波	

左欄（上から下へ）：
情報伝送容量が小さい　直進性が弱い
情報伝送容量が大きい　直進性が強い

参考：主な単位

単位について

基本単位

項　目	基本単位	読　み
周波数	Hz	ヘルツ
電流	A	アンペア
電圧	V	ボルト
電力	W	ワット
抵抗	Ω	オーム
静電容量	F	ファラド
インダクタンス	H	ヘンリー

倍率の単位

名　称	読　み	倍率
T	テラ	10^{12}
G	ギガ	10^{9}
M	メガ	10^{6}
k	キロ	10^{3}
m	ミリ	10^{-3}
μ	マイクロ	10^{-6}
n	ナノ	10^{-9}
p	ピコ	10^{-12}

第2章　無線通信装置

2.1　無線通信の基礎

2.1.1　概要

　電波を利用して、音声や音響、影像、文字などの情報を離れた場所に届けるのが無線通信であり、このために用いられるのが送受信機（トランシーバ）やアンテナなどから構成される無線通信装置である。

　伝送する情報の信号形態により、アナログ方式とデジタル方式に分けられる。周波数の利用効率や機能の高度化の観点から、防災無線、消防無線、列車無線やタクシー無線など多くの無線通信システムが、アナログ方式からデジタル方式へと移行している。

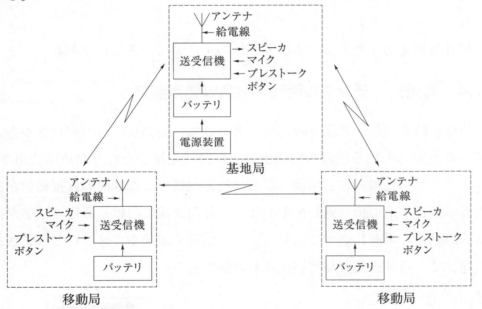

第2.1図　陸上移動無線通信システムの構成概念図

2.1.2　基本構成

　現在、最も多く利用されているのは、基地局と移動局で構成される陸上移動無線通信システム（第2.1図）である。各無線局が使用する無線通信装置は、送受信機、アンテナ及び給電線、電源装置、バッテリ、マイク及びスピーカなどで構成されている。

2.1.3　機能の概要

　第2.1図の各装置の機能や役割の概要は、次のとおりである。

1　送受信機

　　システムの中心的な役割を担い、搬送波を音声信号などで変調し、さらに増幅して強いエネルギーを作り出す送信機及び電波を受信し増幅と復調により音声信号などを取り出す受信機を一体にした装置である。

2　アンテナ及び給電線

　　高周波電流を電波に変えて空間に発射し、空間の電波を捉えて高周波電流に変える装置がアンテナで、送受信機とアンテナ間を結ぶ特殊な線（同軸ケーブル）が給電線である。

3　電源装置（バッテリ）

　　送受信機や周辺装置に必要な電力（主として直流）を供給する装置である。

4　マイク／スピーカ

　　音声などを電気信号に変換するものがマイクであり、電気信号を音に変換するものがスピーカである。

5　プレストークボタン

　　送信と受信を切り換えるために用いるスイッチ（ボタン）である。

2.1.4　利用例　デジタル消防・救急業務用無線

　　各自治体消防の消防・救急無線通信システムは、260MHz 帯のデジタル方式で運用しており、消防・救急活動の情報伝達、指揮、連絡等を行うために使用される。また、システムの仕組みとしては、以前は災害現場では部隊間の直接通信が主体であったものが、基地局折り返しを中心とし、移動局間における通信エリアが拡大している。出動中の車両に対する指令、データ伝送で地図やカメラなどさまざまな機器との連係で、迅速、的確な情報伝達も可能である。

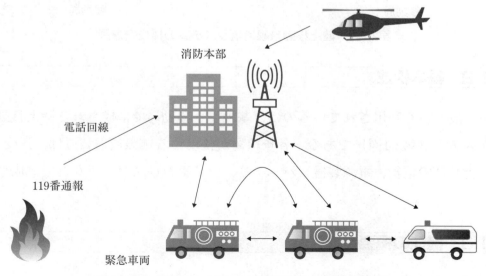

第2.2図　利用例　デジタル消防・救急業務用無線

2.2 アナログ方式無線通信装置

2.2.1 概要

　アナログ方式の無線通信装置には、電波に情報を乗せる方法（変調）として、主としては第2.3図のようにFM（周波数変調）方式とAM（振幅変調）方式がある。陸上移動無線通信はFM方式が利用されている。

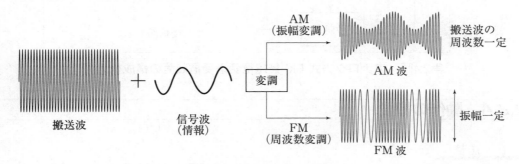

第2.3図　アナログ変調方式

　AM方式は情報が搬送波の振幅の変化に乗っている。

　FM方式は情報が搬送波の周波数の変化に乗っており、振幅が一定で振幅には情報を含んでいないため、振幅ひずみの影響を受けにくく、振幅性の雑音に強いのが特徴である。また、効率の良い電力増幅回路を用いることができ、電池の省電力化、小型軽量化が可能で、陸上移動無線システムに適した変調方式である。

　アナログ方式FM陸上移動通信では、FM方式の占有周波数帯幅（第2.5図参照）は音質が落ちるが狭帯域化することで、周波数の利用効率を改善している。

2.2.2 FM方式の特徴

　一般に、FM方式にはAM方式と比べて次のような特徴がある。

1　振幅性の雑音に強い。

2　音質が良い。

3　占有周波数帯幅が広い。

4　受信電波の強さがある程度変わっても受信機の出力は変わらない。

2.2.3 基本構成

　陸上移動通信に用いられるアナログ方式FM無線電話送受信装置の構成は、送信部、受信部、局部発振器、送受信切換器、アンテナ、マイク、スピーカなど（第2.4図）である。

無線工学　第2章　無線通信装置

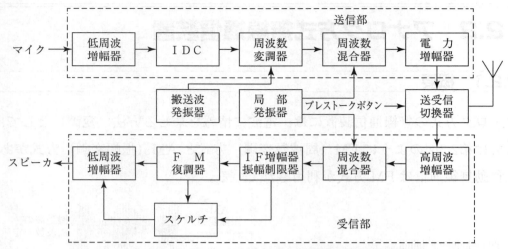

第2.4図　アナログ方式 FM 無線電話送受信装置の構成概念図

2.2.4　動作の概要

1　送信

　音声は、マイクによって電気信号に変えられ、低周波増幅器で増幅されて IDC 回路（Instantaneous Deviation Control：瞬時偏移制御）に加えられる。**IDC 回路は、音声が大きくなっても周波数偏移（変調に伴う周波数の変化）が一定値以上に広がらないように制御することによって、占有周波数帯幅を許容値内に維持し、隣接チャネルへの干渉を防ぐ。**

　IDC 回路の出力で搬送波を周波数変調することで中間周波数（IF：Intermediate Frequency）の FM 信号が生成される。この IF 信号は、周波数混合器において局部発振器で作られた高周波信号によって目的の周波数に変換され、電力増幅器に加えられる。電力増幅器で規格の電力値まで増幅された信号は、送受信切換器を介して給電線でアンテナに加えられ電波として放射される。

2　受信

　アンテナで捉えられた受信信号は、送受信切換器を介して受信部に加えられ、低雑音の高周波増幅器で増幅され、周波数混合器に加えられ局部発振器で作られた高周波信号によって中間周波数（IF）に変換される。IF 増幅器で十分に増幅された信号は、雑音の原因となる振幅成分を振幅制限器で取り除いた後に、FM 復調器に加えられる。そして、FM 復調器で取り出された音声信号は、低周波増幅器で増幅され、スピーカやヘッドホーンから音として出力される。

2.2.5　送受信機の性能条件

1　送信機の条件

　無線局から発射される電波は、電波法で定める電波の質（第2.5図）に合致しな

ければならない。送信機は、次のような条件を備えること。

① **送信される電波の周波数は正確かつ安定していること**。（周波数の偏差が許容値内であること。）

② **占有周波数帯幅が決められた許容値内であること**。

③ **不要発射（スプリアス発射及び帯域外発射）は、その強度が許容値内であること**。（無線設備規則では、必要周波数帯の外側の帯域外発射及びスプリアス発射の強度の許容値が規定されている。）

④ 送信機からアンテナ系に供給される**電力は、安定かつ適切であること**。（空中線電力の許容偏差が許容値内であること。）

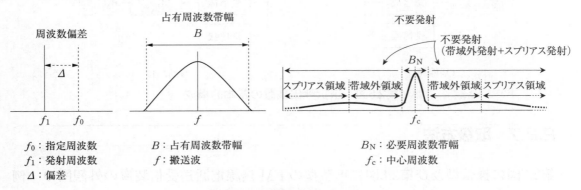

第2.5図　電波の質のイメージ

2　受信機の条件

受信機は、次のような条件を備えること。

① **感度が良いこと**。

感度とは、どの程度の弱い電波を受信して信号を復調できるかを示す能力。

② **選択度が良いこと**。

選択度とは、多数の電波の中から目的の電波のみを選び出す能力。

③ **安定度が良いこと**。

安定度とは、再調整を行わずに一定の出力が得られる能力。

④ 忠実度が良いこと。

忠実度とは、送られた情報を受信側で忠実に再現できる能力。

⑤ 内部雑音が少ないこと。

内部雑音とは、受信機の内部で発生する雑音のこと。

2.2.6　その他の機能

2.2.6.1　スケルチ

受信信号が無い場合や非常に弱い場合に出る雑音（スピーカ等からザーッという雑音）を消去する機能である。

2.2.6.2 選択呼出装置（セルコール）

　ある一つの無線チャネルを使用する基地局に多数の移動局が所属する場合、希望する移動局だけを呼び出せる装置である。

　選択呼出装置の構成は、使用業務により差異はあるが、基本的には第2.6図に示すように基地局の送信機には選択呼出信号発生部が、また、移動局の受信機には信号選択部及び呼出報知部などが装着され、これによって自局の識別信号を受信したとき、信号選択部が作動し呼出報知部からの電子音で呼出報知する。

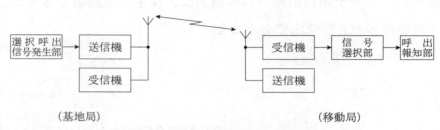

（基地局）　　　　　　　　　　　　　　　　　　（移動局）

第2.6図　選択呼出装置の基本的構成

2.2.7　取扱方法

　第2.7図に携帯型及び第2.8図に車載型のFM無線電話送受信装置の外観図の一例を示す。

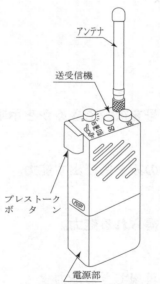

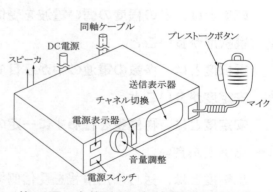

第2.7図　携帯型FM無線電話送受信装置　　第2.8図　車載型FM無線電話送受信装置

1　操作手順（一般的な例）

（1）送受信機、周辺機器、電源、マイクなどが正しく接続され、調整つまみなどが通常の状態や位置になっていることを確認する。チャネル選択スイッチがある場合は運用チャネルにセットする。

（2）異常がないことを確認した後に、電源スイッチを「ON」にして電源表示器（パイロットランプ）が点灯することを確かめ、音量を調整し、適切な音量に

セットする。

(3) 送信する場合は、あらかじめ当該周波数（チャネル）及び必要な周波数（チャネル）を聴守し、他の通信に混信などの妨害を与えないことを確認する。次に、プレストークボタンを押して送信状態にし、送信表示器の点灯を確かめた後に送話する。その際、マイクと口との間隔や声の大きさに注意する。

(4) 送話が終了すれば、直ちにプレストークボタンを元に戻し、送信を終え、受信状態にして相手の通話を聞きとり、必要に応じて通信を継続する。

(a) ハンドマイク

(b) スタンドマイク

写真2.1　プレストークボタン付きマイクの例・プレストークボタン

2　プレストークボタンは、送信と受信を切り換えるために用いられるボタンまたはスイッチで、マイクに取り付けられていることが多い。なお、規模の大きな基地局では専用のスイッチが使用されることもある。このボタンを押すと送信状態、放すと受信に戻る。（写真2.1参照）

2.3　デジタル方式無線通信装置

2.3.1　音声信号のデジタル化

半導体の開発とコンピュータ技術の発展によって無線通信の分野もデジタル化が進み、陸上移動通信、地上デジタルテレビ放送、携帯電話、防災行政無線など多くの分野にデジタル無線技術が導入されている。

デジタル無線通信では、2進数の「0」と「1」の2つの値で表現される情報を電圧の有無または高低の電気信号に置き換えた第2.9図に示すようなデジタル信号（ベースバンド信号）で搬送波を変調するデジタル変調が用いられている。

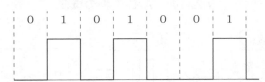
0　1　0　1　0　0　1

第2.9図　デジタル信号（ベースバンド信号）の一例

音声をマイクで電気信号にすると、連続した信号（アナログ信号）となる。この

アナログ信号を「0」と「1」の符号化された不連続のパルス信号に変換したのがデジタル信号である。以下、第2.10図から第2.12図を参照。

デジタル信号化するには、まず、アナログ信号の振幅を一定周期で標本値として取り出す。これを標本化またはサンプリングという。

標本化で取り出されたパルスの大きさ（標本値）を区切りのよい値で表現するために、四捨五入して最も近いレベルに近似化し、階段状の値に置き換える。これを量子化という。量子化の程度は、放送、通信、CD など信号の特性や伝送路の種別などで決まる。量子化された信号の振幅値を2進数の「0」と「1」の組み合わせのパルス列に変換する。これを符号化といい、この一連の動作をアナログ／デジタル変換（A/D 変換）という。

このようにして、デジタル信号に変換された信号（PCM 信号）により搬送波をデジタル変調し、電波として送信される。

一方、受信機側では、復調器により PCM 信号を取り出し、デジタル／アナログ変換（D/A 変換）により復号化を行い、階段状の信号波を得る。

この階段状の信号波は、ローパスフィルタ（低域通過フィルタ）を通すことによって波形を滑らかにすると、元のアナログ信号とほぼ同一の信号に復元することができる。これを増幅してスピーカから音として出している。

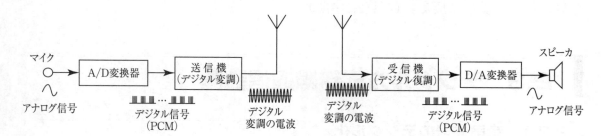

第2.10図　デジタル無線通信の概念図

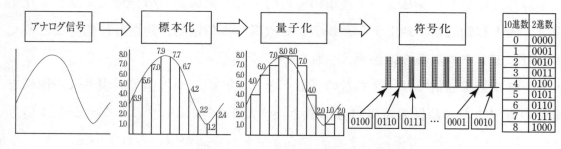

第2.11図　A/D 変換の概要

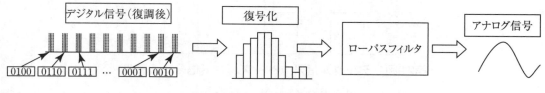

第2.12図　D/A 変換の概要

参考

1　デジタル変調

（1）　概要

　　デジタル変調は、2進数の「0」と「1」の2つの値で表現される第2.12図の
ようなベースバンド信号によって、振幅、位相または周波数を変化させるもの
である。

　　搬送波への情報の乗せ方により特性が異なるので、用途に応じて適切な方式
が用いられる。

（2）　種類

　　第2.13図は、2進数表現によるベースバンド信号「101101」によって1ビッ
ト単位でデジタル変調されたときの概念図であり、変調方式による違いを示し
ている。

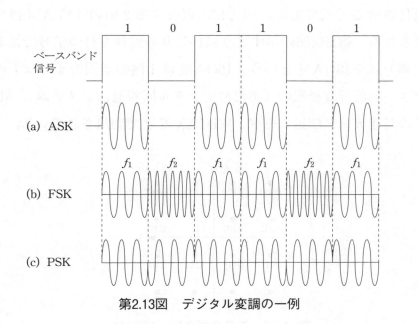

第2.13図　デジタル変調の一例

　ア　ASK（Amplitude Shift Keying：振幅シフト変調）

　　　ASK は、ベースバンド信号の「0」と「1」に応じて同図(a)に示すように
　　搬送波の振幅を切り換える方式である。

　イ　FSK（Frequency Shift Keying：周波数シフト変調）

　　　FSK は、ベースバンド信号の「0」と「1」に応じて同図(b)に示すように
　　搬送波の周波数を切り換える方式である。この例では「0」と「1」に応じて
　　搬送波の周波数がf_2とf_1に切り換わっている。占有周波数帯幅が広くなる
　　が、効率の良い電力増幅器を利用できる利点がある。なお、FSK の特別な
　　状態で周波数帯域幅を最小限に抑えられる MSK（Minimum Shift Keying）
　　がタクシー無線などのデータ通信に用いられている。さらに、4値の周波数

を用いて1回の変調で2ビットの情報を送ることができる4値FSKが簡易無線などに適用されている。

ウ　PSK（Phase Shift Keying：位相シフト変調）

　　PSKは、ベースバンド信号の「0」と「1」に応じて搬送波の位相を切り換えるものである。同図(c)に示した例は、位相が180度異なる2種類の搬送波に置き換えられるBPSK（Binary Phase Shift Keying）と呼ばれる方式である。BPSKは1回の変調（シンボル）で1ビットの情報を伝送できる。

　　位相が90度異なる4種類の搬送波または信号を用いて情報を送るものはQPSK（Quadri Phase Shift Keying）と呼ばれ、1回の変調で2ビットの情報を送ることができる。

エ　QAM（Quadrature Amplitude Modulation：直交振幅変調）

　　QAMは、ベースバンド信号の「0」と「1」に応じて搬送波の振幅と位相を変化させる方式である。例えば、直交する2組の4値AM信号によって生成される、第2.14図の示すように16通りの偏移を持つ信号で情報を伝送する変調方式を16QAMという。16QAMは1回の変調で4ビットの情報を伝送でき、防災行政無線の「市町村デジタル同報通信システム」、MCA、携帯電話の高速データ伝送モード、WiMAXなどで利用されている。

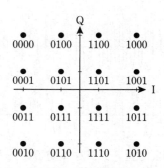

第2.14図　直交振幅変調（16QAM）

　　さらに、64通りの信号によって情報を伝送する変調方式を64QAMという。64QAMは1回の変調で6ビットの情報を伝送でき、地上デジタルテレビ放送で使われている。

2　デジタル復調

　　デジタル変調波からベースバンド信号を取り出すために用いられるのが復調回路である。この復調には、第2.15図に示すように受信側で生成した基準信号と受信信号を乗算する同期検波方式と受信した信号を1ビットシフトさせた信号を用いる遅延検波方式がある。なお、遅延検波は、回路が簡単であるため移動通信に用いられることが多い。

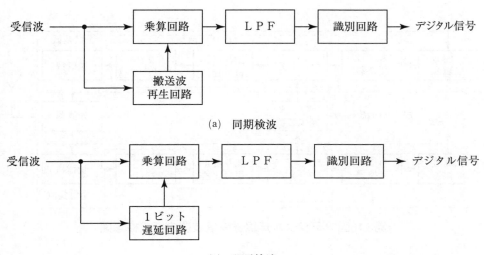

(a) 同期検波

(b) 遅延検波

第2.15図　デジタル復調回路

2.3.2　デジタル方式の特徴

デジタル方式は、アナログ方式と比べると次のような特徴がある。

【長所】

① 雑音に強く、信号誤りが起きにくい。

② 必要な回路の IC 化が容易であり、信頼性、安定性などに優れている。

③ ネットワークやコンピュータなどとの親和性が良い。

④ 特性などの変更をプログラムの変更で対応することが可能である。

⑤ 情報の多重化が容易である。

【短所】

① 信号処理などによる遅延が生じる。

② 信号レベルがある値（しきい値）より低下すると通信品質が急激に劣化する。

（ダイバーシティ受信など工夫が必要）

③ 装置が複雑化する。

2.3.3　基本構成

一般的なデジタル無線送受信装置は、第2.16図に示す構成概念図のように送信装置、受信装置、分波器、アンテナ、データ端末装置などから構成される。

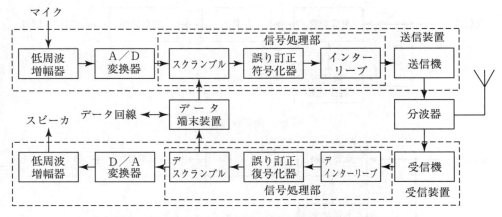

第2.16図　デジタル無線送受信装置の構成概念図

2.3.4　動作の概要

1　送信

　送信側では、音声信号のようなアナログ信号は、A/D変換器などで2進数の「0」と「1」に対応する電気信号であるデジタル信号に変換される。そして、この変換されたデジタル信号やデータ端末装置からのデジタル信号は、相手の無線局で「0」と「1」を誤って判定されることを防止するため、信号処理部においてデジタル信号に誤り訂正用の符号が付加された後に並び換えの信号処理を行い、送信機に加えられる。

　送信機では、変調によってデジタル信号が高周波信号に乗せられる。そして、この変調された高周波信号は、規格の電力値にまで増幅され、分波器を介して同軸ケーブルでアンテナに加えられ電波として放射される。

2　受信

　アンテナで捉えられた受信信号は、分波器を介して受信機に加えられて復調される。復調されたデジタル信号は、信号処理部において、送信側で行われた符号列の並び換えが元に戻され、誤り訂正された後に受信データとして端末装置に出力される。なお、一部のデータは、データ回線で離れた場所の端末装置などに送られる。

　音声信号については、D/A変換器などでアナログ信号に戻され、低周波増幅器で増幅され、スピーカより音として出る。

3　分波器

　分波器は、送信と受信に異なる周波数を用い、アンテナを送受信に共用する場合に必要となるもので、送信機からアンテナに送り出される送信信号の経路とアンテナで捉えられた受信信号を受信機に導く経路を分離している。

2.3.5　信号処理

デジタル方式無線通信装置ではデジタル信号が誤って伝わることを防ぐために、送信側でデジタル信号に誤り訂正用の符号の付加や並び換えなどの信号処理を行い、受信側で元に戻す並び換えや誤り訂正などの信号処理を行うことにより通信品質や信頼性を向上させている。

● 1　送信側の信号処理

送信側では次のような信号処理が行われる。

① スクランブル

スクランブルとは、同じ符号が連続した信号の同期を取りやすくし、さらに秘匿性を確保するため、「0」と「1」の配列をランダム化することである。

なお、スクランブルにより「0」と「1」の配列が均等化されると、送受信機の負担が均等化されるので信頼性が向上する。

② 誤り訂正符号化

誤り訂正符号化とは、データ伝送において誤りの発生を少なくするために、受信側で符号の誤り検出と誤り訂正が行えるように送信側において、伝送するデータを加工することである。一般に、誤り訂正符号化を行うと、本来のデータに冗長ビットが付加されるので、伝送するデータ長が長くなる。

③ インターリーブ

インターリーブとは、データの送り出す順序を変える信号処理のことである。無線通信は、空間を伝送媒体として利用するので、雑音や空電などによってバースト誤り（集中的に発生する誤り）が生じやすい。このバースト誤りによる影響を減らすことを目的として、データの順序を変えて送り出し、受信側で受信データを並び換えて元に戻す手法が用いられる。

● 2　受信側の信号処理

受信側では次のような信号処理が行われる。

① デインターリーブ

送信側で行われたインターリーブを元に戻す信号処理をすること。

② 誤り訂正復号化

受信したデジタル信号の誤りを検出し、その誤りを訂正する信号処理をすること。

③ デスクランブル

送信側で行われたスクランブルを元に戻す信号処理をすること。

2.3.6　デジタル方式無線通信装置の例

2.3.6.1　TDMA 方式移動無線通信装置

1 　概要

通信回線の接続のための方式（アクセス方式）として TDMA（Time Division Multiple Access）、複信方式を FDD（Frequency Division Duplex）とする３チャネル TDMA による移動通信システムの一例を第2.17図に示す。このような方式は TDMA-FDD と呼ばれている。また、送受信に同じ周波数を用いる TDD（Time Division Duplex）方式も使用されており、TDMA-TDD と呼ばれている。

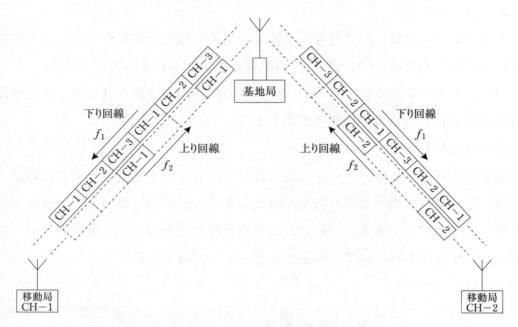

第2.17図　TDMA-FDD 方式移動通信の概念図

第2.17図に示した例の場合、移動局は基地局から送信される時分割多重（TDM：Time Division Multiplex）スロットの中から自局宛のものだけを選択して受信する。また、移動局からの送信は、個々に割り当てられるタイムスロットで行われる。

2 　基地局の基本構成

屋内送受信装置、屋外ユニット、アンテナなどから構成される（第2.18図）。

UHF 帯の電波を用いる無線システムでは、同軸ケーブルで生じる損失により受信信号の品質が劣化するので、受信用の LNA（Low Noise Amplifier：低雑音増幅器）をアンテナの近くに取り付け、受信信号の減衰を抑える手法が使われる。

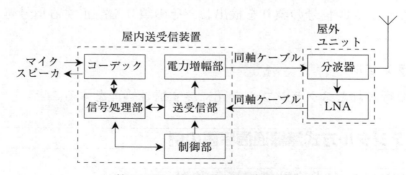

第2.18図　基地局の構成概念図

3　動作の概要

①　送信

音声信号は、コーデック（CODEC）でデジタル信号に変えられた後に誤り訂正のための信号処理が施され、送受信部でデジタル変調により高周波信号に乗せられる。この変調された信号は電力増幅部で増幅され、同軸ケーブルで屋外ユニットへ送られる。そして、分波器を介して同軸ケーブルでアンテナに給電され、電波として放射される。

②　受信

基地局のアンテナで捉えられた微弱な信号は、屋外ユニットの分波器を介してLNAで増幅され、屋内送受信装置の送受信部へ送られる。送受信部で復調されたデジタル信号は、信号処理されコーデック（CODEC）でアナログの音声信号に変換される。そして、低周波増幅器で増幅されてスピーカより音として出される。

4　移動局の基本構成

送信部、受信部、信号処理部、コーデック、分波器、アンテナなどから構成される（第2.19図）。

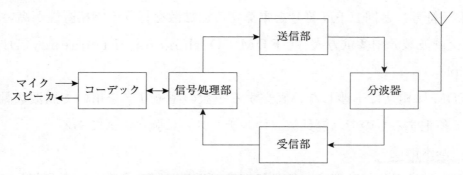

第2.19図　移動局の構成概念図

5　動作の概要

①　送信

音声信号はデジタル信号化と誤り訂正のための信号処理が施された後にデジタル変調により高周波信号に乗せられる。

この変調された高周波信号は、規定の送信電力にまで増幅され、アンテナから電波として放射される。

②　受信

アンテナで捉えられた信号は、分波器を介して受信部に加えられ復調される。誤り訂正やデインターリーブなどの信号処理が行われ、コーデックでアナログの信号に変えられる。

このアナログ信号は低周波増幅され、スピーカで音に変えられる。

2.3.6.2　マイクロ波多重無線通信装置

Point

1　概要

多重通信とは、多数のチャネル信号を一つに束ねて１台の送信機で効率よく送り、１台の受信機で受け取り、各チャネルに分離する通信のことである。

2　多重方式

次のような多重方式が用いられることが多い。

① 周波数分割多重方式（FDM：Frequency Division Multiplex）

　　各チャネルを干渉が起きないように一定の周波数間隔で並べて多重する方式である。アナログとデジタルの両方に対応可能である。

② 時分割多重方式（TDM：Time Division Multiplex）

　　各チャネルの使用時間を短く分割して多重する方式である（デジタル通信に適している）。パケット伝送などに可能である。デジタル陸上移動通信や衛星通信で使用される。

③ 符号分割多重方式（CDM：Code Division Multiplex）

　　チャネル別の拡散符号（PN符号）によりスペクトルを拡散し、広帯域信号として多重する方式。受信側でチャネル信号を抽出するには送信時に用いた拡散符号（PN符号）と同じPN符号を乗算する逆拡散を行うので秘匿性が高い。

④ 直交周波数分割多重方式（OFDM：Orthogonal Frequency Division Multiplex）

　　OFDMは相互に干渉しない直交する多数のキャリアを用いて周波数軸上で分散して多重するもので、遅延波（マルチパス）に強い方式である。

3　基本構成

マイクロ波多重無線装置は、信号処理及び送信信号の多重化と受信信号のチャネル分離を行う端局装置、変復調と周波数変換や増幅を行うマイクロ波送受信機、アンテナなどから構成されている（第2.20図）。

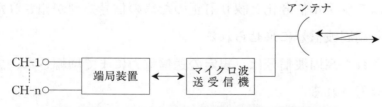

第2.20図　マイクロ波多重無線装置の構成概念図

4　動作の概要

① 端局装置

　　端局装置では、重要な役割である送信信号の多重化と受信信号のチャネル分離が行われる。また、データ伝送での符号の誤り制御、インターリーブとデイン

ターリーブによる信号の並び換え、「0」と「1」の配列をランダム化するスクランブルとデスクランブルなどの信号処理が行われる。

② 送受信機

送信部と受信部から成り、送信信号や受信信号を目的に応じて適切に処理する機能を備えている。

（a）送信

送信部は、端局装置からの多重信号を受け、変調、周波数変換、電力増幅、そして、スプリアスなどの不要成分の抑圧を行った後にマイクロ波信号を給電線に供給する。

（b）受信

受信部は、パラボラアンテナなどで捉えられたマイクロ波多重信号を低雑音増幅器で増幅し、周波数変換器で中間周波数（IF）に変換して十分に増幅した後に復調した信号を端局装置へ送り出す。

🖊 まとめ：第2章　無線通信装置

第2章のポイントを確実に理解しよう。

2.2　アナログ方式無線通信装置

FM（周波数変調）方式とAM（振幅変調）方式がある。陸上移動無線通信ではFM方式が用いられている。

2.2.2　FM方式の特徴

① 振幅性の雑音に強い。

② 音質が良い。

③ 占有周波数帯幅が広い。

④ 受信電波の強さがある程度変わっても受信機の出力は変わらない。

2.2.4　動作の概要

FM送信機にIDC回路を設けると、音声が大きくなっても周波数偏移が一定値以上に広がらないように制御することによって、占有周波数帯幅を許容値内に維持し、隣接チャネルへの干渉を防ぐ。

2.2.5　1　送信機の条件

① 送信される電波の周波数は正確かつ安定していること。

② 占有周波数帯幅が決められた許容値内であること。

③ 不要発射（スプリアス発射及び帯域外発射）は、その強度が許容値内であること。

④　送信機からアンテナ系に供給される電力は、安定かつ適切であること。
（空中線電力の許容偏差が許容値内であること。）

2.2.5　2　受信機の条件

① 感度が良いこと：感度とは、どの程度の弱い電波を受信して信号を復調
できるかを示す能力。

② 選択度が良いこと：選択度とは、多数の電波の中から目的の電波のみを
選び出す能力。

③ 安定度が良いこと：安定度とは、再調整を行わずに一定の出力が得られ
る能力。

④ 忠実度が良いこと：忠実度とは、送られた情報を受信側で忠実に再現で
きる能力。

⑤ 内部雑音が少ないこと：内部雑音とは、受信機の内部で発生する雑音の
こと。

2.2.6.1　スケルチ

受信信号が無い場合や非常に弱い場合に出る雑音（スピーカ等からザーッと
いう雑音）を消去する機能。

2.2.7　取扱方法

プレストークボタン：送信と受信を切り換えるために用いられるボタンまた
はスイッチで、マイクに取り付けられている。

2.3　デジタル方式無線通信装置

2.3.2　デジタル方式の特徴

デジタル方式は、アナログ方式と比べると次のような特徴を有している。

【長所】

① 雑音に強く、信号誤りが起きにくい。

② 必要な回路の IC 化が容易であり、信頼性、安定性などに優れている。

③ ネットワークやコンピュータなどとの親和性が良い。

④ 特性などの変更をプログラムの変更で対応することが可能。

⑤ 情報の多重化が容易。

【短所】

① 信号処理などによる遅延が生じる。

② 信号レベルがある値（しきい値）より低下すると通信品質が急激に劣化。
（ダイバーシティ受信など工夫が必要）

③ 装置が複雑化する。

第3章　通信方式と多元接続方式

3.1　通信方式

通信方式の主なものには、単信方式、複信方式及び同報通信方式がある。

3.1.1　単信方式

単信方式とは、相対する方向で**交互に電波を出して情報を交換する通信方式**である。送信と受信の切換えは、マイク等に取り付けられているプレストークボタンで行う。

3.1.2　複信方式

複信方式とは、携帯電話のように送信と受信を同時に行う通信方式である。

FDD（Frequency Division Duplex）方式（異なる周波数を用いる）と、TDD（Time Division Duplex）方式（同じ周波数で送信と受信を短時間に切り替える）とがある。

3.1.3　同報通信方式

同報通信方式とは、特定の2以上の受信設備に対し、同時に同一内容の通報の送信のみを行う通信方式である。 身近な例は、防災行政無線の一つである「市町村防災用同報無線」がある。

3.2　多元接続方式の概要

ある決められた周波数帯域で複数のユーザーが通信を行う際、周波数、時間、符号、空間などの違いを利用して、個々のユーザーに通信回線を割り当てることを多元接続方式（アクセス方式）という。

3.2.1　FDMA（Frequency Division Multiple Access：周波数分割多元接続）

FDMAとは、第3.1図のように個々のユーザーに**使用チャネルとして周波数を個別に割り当てる方式**である。アナログとデジタルの両方に対応し、陸上移動通信、海上移動通信、衛星通信などに利用されている。

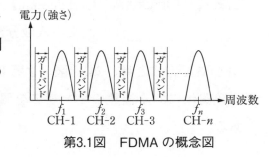

第3.1図　FDMAの概念図

3.2.2 TDMA（Time Division Multiple Access：時分割多元接続）

　TDMA 方式とは、第3.2図のように個々のユーザーに**使用チャネルとして極めて短い時間（タイムスロット）を個別に割り当てる方式**である。

　各ユーザーは一つの周波数を共有し、各局に割り当てられたスロットを順次使用して通信を行う。各チャネルの信号が同時に送信されない。衛星通信などで利用されている。

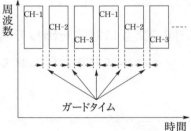

第3.2図　TDMA の概念図

3.2.3 CDMA（Code Division Multiple Access：符号分割多元接続）

　CDMA 方式とは、第3.3図のように各ユーザーは一つの周波数を共有し、個別に割り当てられる拡散符号（PN 符号：Pseudo Noise）でユーザーチャネルのデジタル信号を広い帯域へと拡散処理し電波を発射する方式である。

　受信側では受信した信号に送信側で用いたものと同じ PN 符号で逆拡散処理を行うことで各チャネルを識別してデータを取り出す。ハンドオーバー（端末の移動時に基地局を切り換えること）が TDMA や FDMA に比べて容易で信頼性も高く、秘匿性に優れている。携帯電話に適した方式で、無線 LAN（IEEE 802.11b）やGPS などでも利用されている。

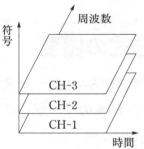

第3.3図　CDMA の概念図

3.2.4 OFDMA（Orthogonal Frequency Division Multiple Access：直交周波数分割多元接続）

　OFDMA 方式とは、第3.4図のように個々のユーザーに使用チャネルとして直交周波数関係にある複数のキャリアを個別に割り当てる方式（マルチキャリア方式）である。

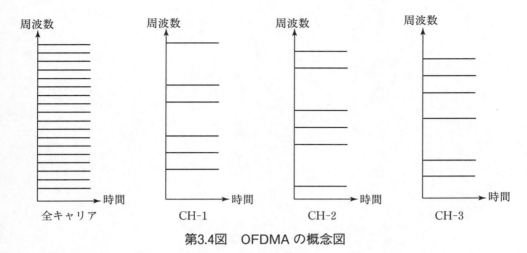

第3.4図　OFDMA の概念図

　第3.5図に示すようにデジタル変調した多数のキャリアのスペクトルが、干渉しない直交周波数多重（OFDM：Orthogonal Frequency Division Multiplexing）技術を利用する。各キャリアの変調スペクトルがゼロの点は、必ず隣接キャリアの周波数に一致する。よって、この周波数では隣接チャネルのエネルギーがゼロとなるので干渉は生じない。

　OFDMA は、この干渉が生じない直交周波数配列されたキャリア群から、個々のユーザーに使用チャネルとして多数のキャリアを割り当てることで多元接続を行う方式である。WiMAX（Worldwide interoperability for Microwave Access）やLTE（Long Term Evolution：携帯電話の通信規格の一つ）などで利用されている。

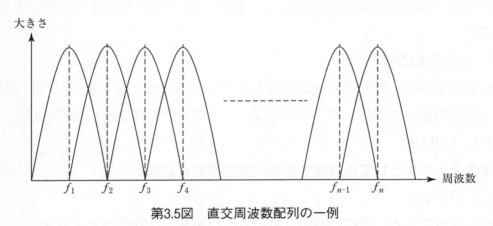

第3.5図　直交周波数配列の一例

✎ まとめ：第3章　通信方式と多元接続方式

第3章のポイントを確実に理解しよう。

3.1　通信方式

3.1.1　単信方式

交互に電波を出して送信する通信方式。

3.1.2　複信方式

携帯電話のように送信と受信を同時に行う方式。

3.1.3　同報通信方式

特定の2以上の受信設備に対して、同時に同一内容の通報の送信のみを行う方式。

3.2　多元接続方式

ある決められた周波数帯域で複数のユーザーが通信を行う際、周波数、時間、符号などの違いを利用して、個々のユーザーに通信回線を割り当てる方式。

3.2.1　FDMA

使用チャネルとして周波数を個別に割り当てる方式。

3.2.2　TDMA

使用チャネルとして短い時間（タイムスロット）を割り当てる方式。

3.2.3　CDMA

各ユーザーは1つの周波数を共有し、個別に割り当てられる拡散符号でユーザーチャネルのデジタル信号を広い帯域へと拡散処理し電波を発射する方式。

3.2.4　OFDMA

使用チャネルとして直交周波数関係のある複数のキャリアを個々のユーザーに割り当てる方式。

第4章　空中線系（アンテナ等）

4.1　空中線の原理

4.1.1　概要

アンテナは無線通信を行う際に空間に電波を放射し、また、空間の電波を捉え、高周波電流に変えるもので、電波と高周波電流の変換器である。

4.1.2　機能と基本特性

アンテナの機能と基本特性は、概ね次のとおりである。

1　アンテナとは、電波と高周波電流との変換器である。

2　アンテナは、送受信に共用できるものが多い。

3　**アンテナの長さは、使用電波の波長に関係する。**

4　**アンテナには、指向性があるものとないものがある。**

4.1.3　共振

一般に、物が共振すると、その振動が大きくなる。無線通信に用いられる多くのアンテナは、この共振を利用している。

1　両端が開放された導体を用いるのが、非接地アンテナ（第4.1図(a)）である。有限の長さで両端が開放されている導体に高周波電流を流した場合、その高周波電流の周波数に共振する最小の長さは、1/2波長（$\lambda/2$）で広く使われている。この波長を固有波長、周波数を固有周波数という。

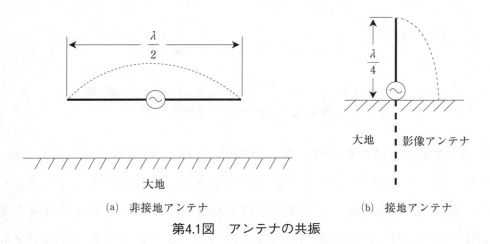

(a)　非接地アンテナ　　　　　　(b)　接地アンテナ

第4.1図　アンテナの共振

2　一端が開放、もう一端が大地に接地された導体を大地の鏡面効果を利用してアンテナとして用いるのが接地アンテナ（第4.1図(b)）である。導線の片側を大地

に接地した場合は、大地の鏡面効果により影像アンテナが生じる。片側を大地に接地した導体が、そこを流れる高周波電流の周波数に共振する最小の長さは、1/4波長（λ/4）で広く使われている。

4.1.4　等価回路

アンテナは、1/2波長や1/4波長の長さのアルミのパイプや銅線で構成されることが多いが、抵抗の働きをする成分、コイルの働きをする成分、コンデンサの働きをする成分などを持っている。このアンテナの状態を抵抗、コイル及びコンデンサから成る電気回路に置き換えることができる。これがアンテナの等価回路（第4.2図）である。

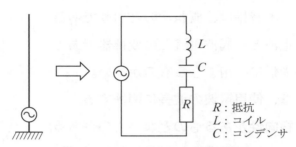

R：抵抗
L：コイル
C：コンデンサ

第4.2図　接地アンテナの等価回路

4.1.5　指向特性

アンテナには、方向性がないものと特定の方向性を持つものとがある。

1　**方向性がないものは全方向性（無指向性）** と呼ばれ、移動通信に用いられることが多く、水平面内指向性は第4.3図(a)に示すようにアンテナを中心とする円になる。

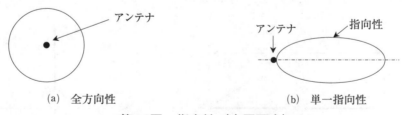

(a)　全方向性　　　　　　　　(b)　単一指向性

第4.3図　指向性（水平面内）

2　特定の**方向性を持つもの**は、**単一指向性**という。指向性の山（lobe：ローブ）のうち、主ローブが一つのアンテナの指向性は単一指向性と呼ばれ、VHF/UHF（超短波/極超短波）帯で固定通信業務を行う無線局やテレビ放送の受信に広く用いられており、水平面内指向性は同図(b)に示すように単一方向となる。

　実際のアンテナでは、第4.4図に示すように後方にバックローブ、側面にサイドローブが生じることが多い。

また、同図に示すように最大放射方向の最大電力 P の1/2となる2点で挟まれる角度 β をビーム幅（半値幅）と呼んでいる。

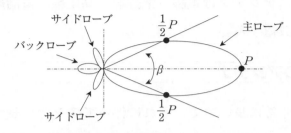

第4.4図　サイドローブとビーム幅

4.1.6　利得

アンテナの利得とは、基準となるアンテナと比較して、どの程度強い電波を放射できるか、また、受信に用いた場合にはどれだけ強く受信できるかを示す指標である。

利得の大きいアンテナは、強く電波を放射し、さらに受信に用いた場合には受信電力を大きくできる能力を持っている。

4.2　周波数帯の違いによる空中線の型式及び指向性

4.2.1　概要

移動通信には、水平面内指向性が全方向性で小型軽量のアンテナ、基地局には、総合的に通信品質を向上のため性能の良い大型のアンテナ、固定通信には水平面内指向性が単一指向性で利得のあるアンテナが用いられることが多い。

また、アンテナの長さ（大きさ）は、使用電波の波長に関係するので、MF/HF（中波/短波）帯では長く（大きく）なる。このため、アンテナの物理的な長さを短くして、コイルなどを付加することで電気的に共振させるアンテナも使われている。

4.2.2　固定及び移動用空中線の取扱方法

1　アンテナは無線機器の外部の上部に取り付ける。

2　取り付け位置はできるだけ人体から離す。人体に密着させるような場合でも少なくとも2〜3 cm は離す。

3　アンテナは折り曲げたり丸めたりしない。

4　アンテナを外部に引き出す場合は必ず同軸ケーブルを使用し、整合をとる。

5　アンテナやアンテナ部品の落下などによって、人や物などに危害や損害を与える事がないように、安全な場所を選んで設置する。

6　感電防止のため、アンテナは電線（電灯線、高圧線、電話線など）からできるだけ離れた場所に設置する。

4.2.3　MF帯のアンテナ

MF帯では波長が非常に長いので、それに伴ってアンテナ長が長くなり、簡単に設置できない。そこで、第4.5図に示すようにアンテナ線をT型やLを逆にした逆L型に設置し、不足する長さをコイルで補う手法が用いられる。これらのアンテナの水平面内指向性は、概ね全方向性である。

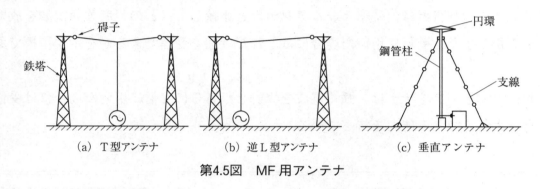

（a）T型アンテナ　　（b）逆L型アンテナ　　（c）垂直アンテナ

第4.5図　MF用アンテナ

4.2.4　HF帯のアンテナ

● 1　1/2波長水平ダイポールアンテナ

第4.6図(a)のように、アンテナ素子を水平に設置するのが水平ダイポールアンテナであり、水平面内指向性は、同図(b)に示すように、アンテナ素子と直角方向が最大点で、アンテナ素子の延長線方向が零となる8字特性である。

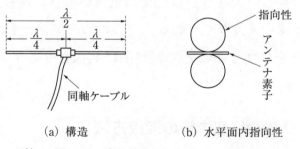

（a）構造　　　　　　（b）水平面内指向性

第4.6図　1/2波長水平ダイポールアンテナ

● 2　1/2波長垂直ダイポールアンテナ

第4.7図(a)に示すように、アンテナ素子を大地に対して垂直に設置するのは1/2波長垂直ダイポールアンテナと呼ばれ、その水平面内指向性は、同図(b)に示すように全方向性であり、HF帯の高い周波数帯で用いられることが多い。

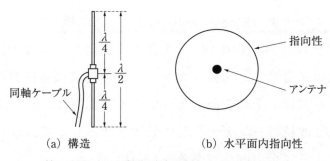

(a) 構造   (b) 水平面内指向性

第4.7図　1/2波長垂直ダイポールアンテナ

4.2.5　VHF 帯及び UHF 帯のアンテナ

● 1　ホイップアンテナ（Whip antenna）：全方向性

　自動車の車体を大地に見立てると鏡面効果により接地アンテナ素子の長さを 1/4 波長（λ/4）にすることができる。（第4.8図(a)）ホイップアンテナは、この効果を利用して、陸上・海上・航空移動無線局、携帯型トランシーバなどで用いられることが多い。水平面内指向性は、同図(b)に示すように全方向性である。

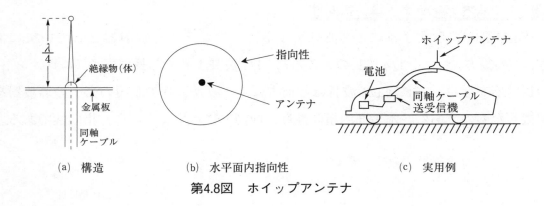

(a)　構造　　　　　　(b)　水平面内指向性　　　　　　(c)　実用例

第4.8図　ホイップアンテナ

● 2　ブラウンアンテナ（Brown antenna）：全方向性

　ブラウンアンテナは、第4.9図(a)に示すように 1 本の 1/4 波長のアンテナ素子と大地の役割をする 4 本の 1/4 波長の地線で構成される。地線が大地の働きをするのでアンテナを高い場所に設置でき、通信範囲の拡大や通信品質の向上が図れる。水平面内指向性は、同図(b)に示すように全方向性である。VHF/UHF 帯の基地局で用いられることが多い。（写真4.1）

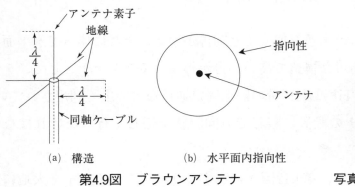

(a)　構造　　　　　(b)　水平面内指向性

第4.9図　ブラウンアンテナ

写真4.1　ブラウンアンテナ

3　スリーブアンテナ（Sleeve antenna）：全方向性

スリーブアンテナは、第4.10図(a)に示すように同軸ケーブルの内部導体を約1/4波長延ばして放射素子とし、さらに同軸ケーブルの外側に導体製の長さが1/4波長の円筒状スリーブを設けて上端を同軸ケーブルの外部導体（シールド）に接続したもので、全体で1/2波長のアンテナとして動作させるものである。水平面内指向性は、同図(b)に示すように全方向性である。（写真4.2）

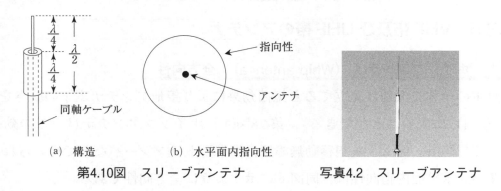

(a)　構造　　　　(b)　水平面内指向性
第4.10図　スリーブアンテナ　　　　写真4.2　スリーブアンテナ

4　八木アンテナ：単一指向性

第4.11図(a)に示すように1/2波長ダイポールアンテナを放射器として中央に置き、その後方、およそ1/4波長のところに、1/2波長より少し長い素子（エレメント）の反射器を設け、逆に、1/4波長ほど前方に1/2波長より少し短い素子の導波器を配置したものである。水平面内指向性は、同図(b)に示すように単一指向性である。

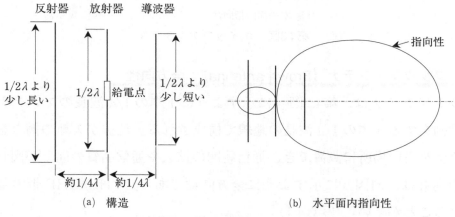

(a)　構造　　　　　　　　　　(b)　水平面内指向性
第4.11図　八木アンテナ

八木アンテナは、導波器の本数を増やすと利得が増え、それに伴って水平面内指向性が鋭くなる。比較的簡単な構造で高い利得が得られるアンテナとして、テレビ放送やFM放送の受信、VHF/UHF帯の陸上固定通信などで広く利用されている。指向性があるのでアンテナの設置に際して方向調整を正しく行わなければならない。

なお、この八木アンテナは、第4.12図(a)に示すようにアンテナ素子を大地に対し

て水平に設置すると水平偏波、同図(b)のように垂直にすると垂直偏波となり、用途に合わせて使い分けられている。（写真4.3）

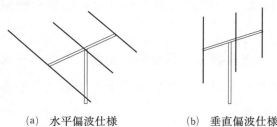
(a)　水平偏波仕様　　　(b)　垂直偏波仕様
第4.12図　八木アンテナと偏波面

写真4.3　八木アンテナ

4.2.6　UHF 帯及び SHF 帯のアンテナ

1　パラボラアンテナ：単一指向性

第4.13図に示すように放物面の焦点に置いた一次放射器から放射された電波は、回転放物面（パラボラ面）で反射され、パラボラの軸に平行に整えられ、一方向に伝搬する。逆に、パラボラの軸に平行に伝搬してパラボラ面に達する電波は、パラボラ面で反射され焦点に置かれた一次放射器に収束され給電線（導波管）で受信部へ送られる。水平面内指向性は単一指向性である。（写真4.4）

パラボラアンテナは、非常に利得が高いので遠距離通信や微弱な信号の受信に適している。衛星通信、マイクロ波多重無線、レーダー、衛星放送受信などで広く用いられている。指向性が鋭いので設置に際して方向を正しく調整しなければならない。

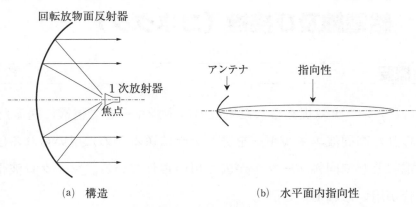
(a)　構造　　　　　　　　　　　　　(b)　水平面内指向性
第4.13図　パラボラアンテナ

写真4.4　実装されたパラボラアンテナ

　第4.14図のように大型のパラボラ面の一部を使用し、一次放射器の位置をアンテナの正面からずらすこと（offset）により一次放射器や導波管の影響を軽減したものである。

　衛星放送受信アンテナの場合は、一次放射器に周波数変換器（コンバータ）が併設され、体積が大きくなるのでオフセットパラボラアンテナとすることが多い。

　このアンテナの特徴は次のとおりである。

① 　電波の通路上に障害物がないので効率が良い。

② 　サイドローブが少ない。

③ 　衛星通信に用いる場合は、開口面が垂直に近くなるので、着雪や水滴などの付着が軽減される。

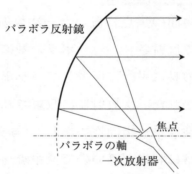

第4.14図　オフセットパラボラアンテナ構成概念図

4.3　給電線及び接栓（コネクタ）

4.3.1　概要

　給電線とは、アンテナで捉えられた電波のエネルギーを受信機に送るため、また、送信機で作られた高周波エネルギーをアンテナに送るために用いられる伝送線である。この給電線として同軸ケーブルが広く用いられている。マイクロ波帯では中空導体の導波管が用いられている。

　接栓とは、電線と電線又は電線と無線機やアンテナ等の接続などに用いられる端子（コネクタ）をいう。

4.3.2　同軸ケーブル

　同軸ケーブルは、第4.15図に示すように内部導体を同心円上の外部導体で取り囲み、絶縁物を挟み込んだ構造である。

　なお、外部の雑音を拾いにくく、整合状態で用いられている同軸ケーブルからの

電波の漏れは非常に少ない。

　同軸ケーブルの特性は、内部導体の直径と外部導体の直径及び内部導体と外部導体の間に挿入されている絶縁体（ポリエチレンなど）の種類によって異なる。なお、規格が異なる多種多様の同軸ケーブルが市販されており、使用に際しては規格番号などを確認する必要がある。また、信号の損失や位相の遅れを伴うので、決められた規格番号及び指定された長さのものを使用しなければならない。

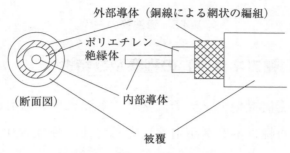

第4.15図　同軸ケーブルの構造

4.3.3　平行二線式給電線

　高周波信号を伝送するために第4.16図に示すような平行二線式給電線を用いることができるが、現在では同軸ケーブルが主流であり、平行二線式給電線の使用は限定的である。

　平行二線式給電線には同軸ケーブルと比べて次のような特徴がある。

1　HF 帯以下の周波数では損失が少ない。

2　給電線からの電波の漏れが多い。

3　周囲の雑音を拾いやすい。

4　安価である。

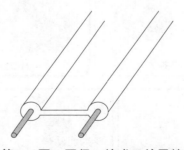

第4.16図　平行二線式の給電線

4.3.4　導波管

　SHF（マイクロ波）帯では給電線に同軸ケーブルを用いると損失が大きくなるので、給電線が長くなる場合やレーダーのように電力が大きい場合は、送受信機とアンテナ間の信号伝送に中空の導波管が用いられることが多い。（写真4.5）

無線工学　第4章　空中線系（アンテナ等）

しかし、導波管は同軸ケーブルと異なり、導波管断面の寸法によって決まるしゃ断周波数より低い周波数の高周波エネルギーを伝送できない。

写真4.5　導波管の一例

4.3.5　接栓（同軸コネクタ）の種類及び特性

同軸ケーブルを送受信機やアンテナに接続する際に用いるものが同軸コネクタである。形状の異なる同軸コネクタが用途に応じて使い分けられる。（写真4.6）なお、形状が異なると互換性が得られないので、送受信機やアンテナ側のコネクタの形状、直径、周波数に合うものを使う必要がある。

各コネクタには使用限度の周波数帯が設定されている。使用周波数が違うと減衰が大きくなる。

代表的なコネクタの種類と使用周波数範囲は以下のとおり

1　BNC コネクタは、4〔GHz〕まで

2　M 型コネクタは、200〔MHz〕まで

3　N 型コネクタは、10〔GHz〕帯まで

4　SMA 型コネクタは、22〔GHz〕帯まで

写真4.6　各種同軸コネクタ

まとめ：第4章　空中線系（アンテナ等）

第4章のポイントを確実に理解しよう。

4.1.2　機能と基本特性

アンテナの機能と基本特性

1　アンテナとは、電波と高周波電流との変換器である。

2　アンテナは送受信に共用できるものが多い。

3　アンテナの長さは、使用電波の波長に関係する。

4　アンテナには指向性があるものとないものがある。

4.1.5　指向特性

　特定の方向性がないもの：全方向性（無指向性）

　特定の方向性をもつもの：単一指向性

　アンテナの種類別：

　・ホイップアンテナ・ブラウンアンテナ・スリーブアンテナ：全方向性（無
　　指向性）

　・八木アンテナ・パラボラアンテナ：単一指向性

アンテナの構造や形状、アンテナの長さも確認しよう。

4.3　給電線及び接栓

4.3.2　同軸ケーブル

　整合状態で用いられている同軸ケーブルからの電波の漏れは非常に少ない。

　同軸ケーブルの構造図も確認してみよう。

4.3.5　接栓（同軸コネクタ）の種類及び特性

　同軸ケーブルを送受信機やアンテナに接続する際に用いられるのが同軸コネクタである。各コネクタには使用限度の周波数帯が設定されている。

第5章　電波伝搬

5.1　概要

アンテナから放射された電波が空間を伝わる際に受ける影響は、周波数と電波の伝わる環境によって大きく異なる。

電波は、その伝搬形式（伝搬様式又は伝搬モードともいう）によって次のように分類される。また、電波の伝わり方は第5.1図に示す。

地上波
- 地表波…………大地（地表面）に沿って伝わる電波
- 直接波…………直接、送信点から受信点に伝わる電波
- 大地反射波……大地で反射して伝わる電波
- 回折波…………回折によって見通し外に伝わる電波

対流圏波………………対流圏屈折波、対流圏散乱波

電離層波………………電離層で反射して伝わる電波

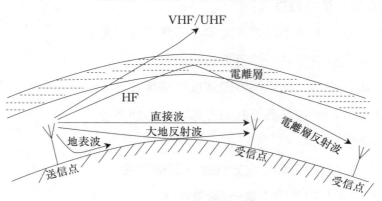

第5.1図　電波の伝わり方

5.2　MF 帯の電波の伝わり方

5.2.1　基本伝搬

MF 帯（中波）では、昼間は地表波、夜は電離層波が主体となる。

5.2.2　異常伝搬

夜間になると、電離層の状態が変わり、電離層で反射された電波が地上に戻るので遠距離まで伝わる。例えば、夜間に 1000〔km〕以上離れた場所の中波のラジオ放送が聞こえるのは、このためである。

5.3　HF 帯の電波の伝わり方

5.3.1　基本伝搬

　HF 帯（短波）では地表波の減衰が大きいので、電離層波が主体となる。電離層波は、第5.2図に示すように、電離層と大地の間を反射して伝搬するので、遠くまで伝わる。

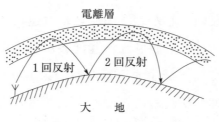

電離層

1 回反射　　2 回反射

大　　地

第5.2図　HF 帯の伝わり方

5.3.2　異常伝搬

　HF 帯の電波を用いる通信や放送は電離層の状況により電波の伝わり方が時々刻々変化することに起因し、受信音の強弱やひずみを生じるフェージングと呼ばれる現象がしばしば発生する。地上波と電離層波など複数の異なった伝搬経路を通ってきた電波の干渉などの影響も受ける。

　また、太陽の活動の異常によって電離層が乱されると、HF 帯の電波は電離層で吸収され、通信できなくなることがある。

5.4　VHF/UHF 帯の電波の伝わり方

5.4.1　基本伝搬

　VHF/UHF 帯の電波は、電離層を突き抜けるので伝わる範囲が電波の見通し距離に限定される。このため、VHF 帯より高い周波数帯では、アンテナを高い所に設置すると電波は遠くまで伝わる。また、VHF/UHF 帯の地表波は、送信地点の近くで減衰するので通信に使用できない。

　一般に、VHF/UHF 帯では、第5.3図に示すように送信アンテナから放射された電波が直進して直接受信点に達する直接波と地表面で反射して受信点に達する大地反射波の合成波が受信される。しかし、直接波より反射波が時間的に遅れて到達するので、直接波と反射波が干渉することがある。

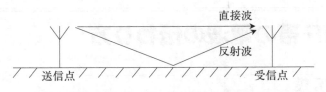

第5.3図　VHF/UHF 帯の電波の伝わり方

5.4.2　異常伝搬

　VHF/UHF 帯の電波は、山やビルなどで遮断され、電波の見通し距離内であっても、その先へは伝搬しない。しかし、山やビル（建物）などで反射されることで多重伝搬経路（マルチパス）が形成され、遅延波が発生する。

　また、春から夏にかけて時々発生する電離層のスポラジック E 層（Es 層）で反射され電波の見通し距離外へ伝わることがある。さらに、上空の温度の異常（逆転層）などにより大気の屈折率が通常と異なることで生じるラジオダクト内を伝搬し、電波の見通し距離外へ伝わることがある。

　なお、VHF 帯以上の周波数の電波は、見通し距離外や、障害物の陰には直接波や大地反射波が到達しなくなるので、一般に電界が急激に弱くなるが零にはならない。これは第5.4図(a)のように電波の回折によるもので、このように回折によって見通し距離外に伝搬する電波は、回折波と呼ばれる。回折波を受信する場合、同図(b)のように途中に山岳のような急しゅんな障害物があると、その回折作用により山がない場合より強い電界強度を得ることもある。

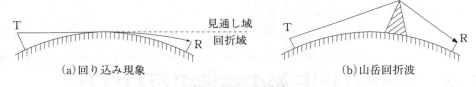

第5.4図　回折波

5.4.3　特徴

VHF/UHF 帯の電波の伝搬には、次のような特徴がある。

1　**直接波は、見通し距離内の伝搬に限定される。**

2　地表波は、送信地点の近くで減衰する。（地表波は通信に使用できない）

3　**大地や建物などで反射されマルチパス波が生じる。**

4　市街地では直接波とマルチパス波の合成波が受信されることが多い。

5　**電離層を突き抜ける。（電離層では反射されない）**

6　ビルなどの建物内に入ると大きく減衰する。

7　VHF 帯の電波はスポラジック E 層やラジオダクトによる異常伝搬で見通し距離外へ伝搬することがある。なお、UHF 帯の電波はラジオダクトの影響を受け

異常伝搬することがある。

5.5　SHF帯の電波の伝わり方

5.5.1　基本伝搬

SHF帯では、送信アンテナから受信アンテナに直接伝わる直接波による伝搬が主体である。SHF帯の電波は、電離層を突き抜けるので、電波の見通し距離内での伝搬となる。また、地表波も送信点の近くで減衰するので通信に利用できない。

この周波数帯では、VHF/UHF帯と同様に送受信アンテナを高いところに設置すると、見通せる距離が伸びるので電波が遠くまで伝わる。

5.5.2　異常伝搬

SHF帯の電波は、次のような異常伝搬によって伝わることがある。

1　複数の経路を経て受信点に到達する多重伝搬
2　ラジオダクトによる見通し外伝搬
3　山岳回折による見通し外伝搬
4　10〔GHz〕を超えると雨滴による減衰を受けやすい。

5.5.3　特徴

SHF帯電波の伝搬には、VHF/UHF帯の電波と比べて次のような特徴がある。

1　電波の伝わる際の直進性がより顕著である。
2　伝搬距離に対する損失（伝搬損失）が大きい。
3　建物の内部などに入ると大きく減衰する。
4　雨滴減衰を受けやすい。
5　長距離回線は、大気の影響などにより受信レベルが変動しやすい。

5.6　遅延波による影響

第5.5図に示すように多重波伝搬（マルチパス）が、デジタル移動無線通信に悪影響を与えるのは、複数の伝搬路を経由して受信地点に達する多数の遅延波の存在である。

例えば、マルチパスが存在する伝搬路の伝搬時間と受信信号レベルの関係を測定すると、最初に伝搬遅延時間が最も短い直接波が到来し、順次、遅延波が到来する

第5.6図のような特性になることが多い。

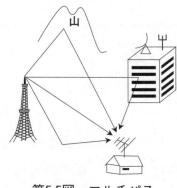

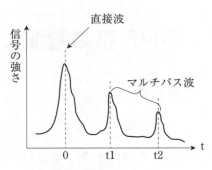

第5.5図　マルチパス　　　　　第5.6図　遅延プロファイル

　一方、アナログの音声通信の場合は、一般的に陸上で生じるマルチパスによる遅延時間は、人間の聴覚の特性により影響がほとんど認識されない。市街地などでは、地表面や周辺の建物による反射波や回折波が多く存在し、直接波のみで通信することは少ない。一般に、直接波とマルチパス波の合成波を受信することになる。

　なお、CDMA方式（Code Division Multiple Access）の携帯電話では、マルチパスによる遅延波をRAKE受信と呼ばれる手法により分離し、遅延時間を合わせて同位相で合成することで受信電力の増加と安定化を図っている。

　地上デジタルテレビ放送、携帯電話のLTE、WiMAXなどで採用されているOFDM（Orthogonal Frequency Division Multiplexing：直交周波数分割多重）は、多数の直交周波数関係にある搬送波（キャリア）を用いて各キャリアの実質的な変調速度を遅くすること及び各シンボル間にガードインターバル（緩衝時間帯）を設けることで遅延波の影響を抑えている。

✏️ まとめ：第5章　電波伝搬
第5章のポイントを確実に理解しよう。

5.4　VHF/UHF帯の電波の伝わり方

5.4.3　特徴

1　**直接波は、見通し距離内の伝搬に限定される。**

2　地表波は、送信地点の近くで減衰する。（地表波は通信に使用できない）

3　**大地や建物などで反射されマルチパス波が生じる。**

4　市街地では直接波とマルチパス波の合成波が受信されることが多い。

5　**電離層を突き抜ける。（電離層では反射されない）**

6　ビルなどの建物内に入ると大きく減衰する。

第6章　電源

6.1　給電方式

　無線通信装置に用いられている電子部品は、直流（DC）で動作するものが大部分である。また、動作に必要な電圧は、回路や部品の種類などによって異なり、多種多様である。これらに必要な電力を供給するのが電源装置である。電源装置は、供給する電圧や電流が安定し、かつ、安全でなければならない。

　基地局は電力会社から交流（AC）の供給を受ける交流供給方式で運用されることが多く、この交流を必要とする直流に変える直流電源を装備している。さらに、電池（バッテリ）や重要度に応じて発電機が備えられている。また、一般に、移動局は電力会社から電力の供給を受けることができないので、電池を電源として運用される。

6.2　電源回路

6.2.1　概要

　直流電源装置は、第6.1図に示す構成概念図のように交流を変圧器（トランス）で所要電圧に変換した後に整流回路と平滑回路及び安定化回路により安定的な直流電力を供給する装置である。

第6.1図　直流電源装置の構成概念図

6.2.2　整流回路

　整流回路は、交流から直流を作るときにダイオード（一方向に流れる電流のみを通し、逆方向の電流は流さない素子）を利用して交流を第6.2図に示す脈流に変える働きをする。整流回路の出力の脈流を無線装置などで正しく動作させるため、直流に近づける平滑回路を使用する。

第6.2図　整流器の出力波形

6.2.3 平滑回路

　整流回路から出力された脈流を平滑回路はコンデンサなどを利用して、出力電圧が一定値を下回るとコンデンサに一時的に蓄えた電気を放電し、第6.3図に示すように出力をさらに滑らかにする。

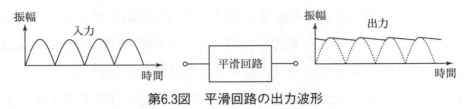

第6.3図　平滑回路の出力波形

6.3　電池

6.3.1　概要と種類

1　充電できない電池を一次電池という。（例：乾電池）

2　充電できる電池を二次電池という。二次電池は蓄電池（バッテリ）とも呼ばれている。（例：鉛蓄電池、リチウムイオン電池等）

　一般に、電池は金属と電解液との間で起きる化学変化を利用して電気エネルギーを得るもので、多くの種類があり用途により使い分けられている。小型で高性能のリチウム電池やニッケル水素電池が新しく開発されたので、ニッケルカドミウム電池（ニッカド）は、使用されることが少なくなっている。

電池の種類

化学電池	一次電池	マンガン電池 アルカリマンガン電池 ニッケル系一次電池	乾電池
		リチウム電池	ボタン電池
		アルカリボタン電池 酸化銀電池 空気（亜鉛）電池	
	二次電池	ニッケルカドミウム電池 ニッケル水素電池 リチウムイオン電池 小形鉛蓄電池	小形二次電池
		鉛蓄電池	
	燃料電池		
物理電池	太陽電池		

6.3.2　鉛蓄電池

1　概要

　鉛蓄電池は、第6.4図に示すように希硫酸の電解液、正極板の二酸化鉛、負極

板の鉛、隔離板などで構成されている。

電極間に発生する起電力は約 2 〔V〕である。

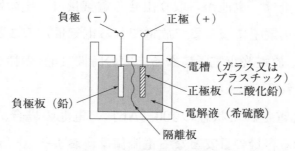

第6.4図　鉛蓄電池の構造概念図

このユニットを 6 個直列に接続して、12〔V〕としたものが多く使用されている。なお、無線局では取扱いが簡単で電解液の補給が不要であるシール鉛蓄電池（メンテナンスフリーバッテリ）を備えることが多い。

2　取扱方法と充放電

鉛蓄電池を取り扱う際の注意事項は次のとおりである。

(1)　**放電後は直ちに充電完了状態に回復させること。**

(2)　**全く使用しないときでも、月に1回程度は充電すること。**

(3)　**充電は規定電流で規定時間行うこと。**

6.3.3　リチウムイオン電池

1　概要

リチウムイオン電池は小型で取扱いが簡単なことから、携帯型のトランシーバ、携帯電話、無線局の非常用電源、ノート型パソコンなどで広く用いられている。1 ユニットの電圧は3.7〔V〕でニッケルカドミウム電池や鉛蓄電池より高い。

2　取扱方法と充放電

リチウムイオン電池は、金属に対する腐食性の強い電解液を用いており、発火、発熱、破裂の可能性があるので製造会社の取扱説明書に従って取扱う必要がある。主な注意点は次のとおりである。

(1)　**電池をショート（短絡）させないこと。**

(2)　**火の中に入れないこと。**

(3)　**直接ハンダ付けをしないこと。**

(4)　**高温や多湿状態で使用しないこと。**

(5)　**逆接続しないこと。**

(6)　**充電は規定電流で規定時間行うこと。**

(7)　**過充電、過放電をしないこと。**

6.3.4　容量

　一般に、電池の容量は、電池から取り出せる電気量（一定の電流値〔A〕で放電させたときに放電終止電圧になるまで放電できる電気量）のことである。この一定の放電電流〔A〕と、放電終止電圧になるまでの時間〔h〕の積をアンペア時〔Ah〕と呼び時間率で示される。

　例えば、完全に充電された状態の100〔Ah〕の電池の場合、10時間率で示される電池から取り出せる容量の目安となる電流値は、およそ10〔A〕である。

　同じ容量の電池であっても大電流で放電すると取り出し得る容量は小さくなる。

6.3.5　電池の接続

　電池の接続方法には直列接続（第6.5図）と並列接続（第6.6図）がある。

　電池の直列接続、並列接続においては、規格が異なる電池や経年劣化が異なる電池の接続は避けるべきである。

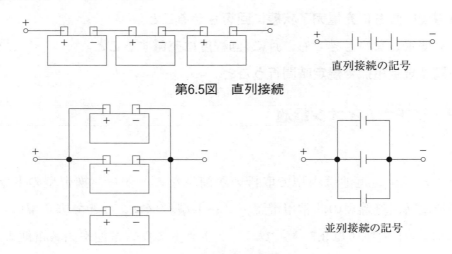

第6.5図　直列接続

直列接続の記号

第6.6図　並列接続

並列接続の記号

1　直列接続

　直列接続した場合の合成電圧は、各電池電圧の和となる。しかし、合成容量は1個の場合と同じである。

　例えば、1個12〔V〕、10〔Ah〕の電池を3個直列に接続すると、次のようになる。

　　　　合成電圧 ＝ 12＋12＋12 ＝ 36〔V〕

　　　　合成容量 ＝ 10〔Ah〕

直列接続は高い電圧が必要なときに用いられる。

2　並列接続

　並列接続した場合の合成電圧は、1個の場合と同じである。しかし、合成容量は

無線工学
第6章

電源

各電池容量の和となる。

　例えば、1個12〔V〕、10〔Ah〕の電池を3個並列に接続すると、次のようになる。

　　　　合成電圧＝12〔V〕

　　　　合成容量＝10＋10＋10＝30〔Ah〕

並列接続は、大電流が必要な場合や長時間使用する場合に用いられる。

6.4　浮動充電方式

　浮動充電方式は、第6.7図に示すように直流を無線通信装置などに供給しながら同時に小電流で電池を充電し、停電時には電池から必要な電力を供給するものである。さらに、この方式は、負荷電流が一時的に大きくなったときに、直流電源と電池の両方で負担されるので負荷の変動に強い電源である。

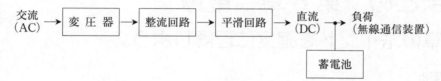

第6.7図　浮動充電方式

6.5　保護装置

　電源の異常は、無線装置の故障や過熱による発火の要因になり危険である。

　電源装置には、異常電圧や過電流（設計値を超える大きな電流）が生じると出力を自動的に遮断する保護回路、ブレーカ、ヒューズなどが取り付けられている。

✏️ まとめ：第6章　電源

第6章のポイントを確実に理解しよう。

6.3　電池

6.3.1　種類と概要

電池の代表例

1　充電できない電池を一次電池という。（乾電池）

2　充電できる電池を二次電池という。（鉛蓄電池、リチウムイオン電池等）

6.3.2　鉛蓄電池

⑴　使用後は直ちに充電完了状態に回復させること。

⑵　全く使用しないときでも、月に1回程度は充電すること。

⑶　充電は規定電流で規定時間行うこと。

6.3.4　容量

・容量とは、電池より取り出せる電気の量のこと。

・一定の放電電流〔A〕と、放電終止電圧になるまでの時間〔h〕の積。アンペア時〔Ah〕のこと。

6.3.5　電池の接続

1　直列接続：合成電圧は各電池電圧の和、しかし合成容量は1個の場合と同じ。

2　並列接続：合成電圧は1個の場合に同じ、しかし合成容量は各電池容量の和。

第7章　点検及び保守

7.1　系統別点検及び方法

無線局の設備は、電波法の技術基準などに合致し、不適切な電波の発射などにより無線通信に妨害を与えることがないよう適切に維持管理されなければならない。定例検査に加えて日常の状態を常に把握し、定常状態との違いなどから異常を察知することが重要である。

無線局の保守管理業務で大切なことは、不具合の発生を予防し故障を未然に防ぐことである。

不具合や異常が生じた場合は、その内容を業務日誌などに記録すると共に整備担当者や保守を担当する会社などに連絡し、修理を依頼する。

7.1.1　空中線系統

風雨にさらされるアンテナや給電線は、経年劣化が顕著に出やすい部分である。アンテナや同軸ケーブルの被覆の亀裂など、目視検査や日常の運用状態を常に掴んでおくことも大切である。

例えば、同軸コネクタの接続状態が悪い場合、受信雑音の増加や通信距離が短くなることなどで異常を察知できる。

給電部分の防水処理や目視検査することも故障を予防する上で大切である。

アンテナや給電線の保守点検を実施する場合は、高所作業（地上高2m以上）になるので墜落制止用器具やヘルメットの着用が必要であり、2名による作業が基本である。

7.1.2　電源系統

1　日頃から、**各装置とも、冷却ファン等の動作確認と防塵フィルタの洗浄を定期的に実施し、温度上昇を防ぐことも故障を予防する上で重要**である。

2　ヒューズ劣化の場合、取り替えるヒューズは、メーカの純正品、または、同等であることが確認されたもの。（規格値の大きいヒューズを挿入した場合は、発火する恐れがある。）

7.1.3　送受信機系統

電波法で定める電波の質に合致しない電波の発射は、他の無線通信に妨害を与える可能性がある。そのため、無線通信装置において重要な役割を担う送受信機を適

切に管理する必要がある。社会的に重要な無線局などの設備は、電波法に基づき定期検査が行われることになっている。

　発射する電波の質を適切に維持管理することは当然として、故障や不具合の発生を防ぐことが重要である。

✏️ まとめ：第7章　点検と保守
第7章のポイントを確実に理解しよう。

7.1　系統別点検及び方法
　不具合や異常が生じた場合は、その内容を業務日誌などに記録すると共に整備担当者や保守を担当する会社などに連絡し、修理を依頼する。

　無線局の保守管理業務で大切なことは、不具合の発生を予防し故障を未然に防ぐことである。

7.1.1　空中線系統
　空中線系統の保守点検は、高所作業になるので、墜落制止用器具やヘルメットの着用が必要であり、2名による作業が基本である。

7.1.2　電源系統
　日頃から、各装置とも、冷却ファン等の動作確認と防塵フィルタの洗浄を定期的に実施し、温度上昇を防ぐことも故障を予防する上で重要である。

無線工学　資料

資料1　電気の基礎

1.1　電流、電圧及び電力

1.1.1　電流

すべての物質は多数の原子の集合であり、原子は第1.1図に示すように、中心にある正の電荷をもつ原子核と、その周りの負の電荷をもつ電子から構成されている。

原子は通常の状態では正と負の電荷が等量であるので、電気的に中性が保たれている。導体においては、一番外側の価電子は特定の原子に拘束されていない自由電子といわれる状態であって容易に移動できる。この自由電子の移動現象が電流になりうる。（第1.2図）

真空中の平行で無限に長い2本の導線に等しい電流を流し、導線間に定められた電磁力が働くとき、その電流の大きさを1アンペアと定義している。

量記号はIで、単位記号は〔A〕である。1〔A〕の電流で1〔秒〕に流れる電荷が1クーロンである。1アンペアの1000分の1を1ミリアンペア〔mA〕、100万分の1を1マイクロアンペア〔μA〕といい、補助単位として用いる。

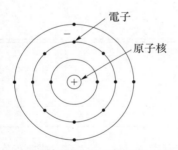

第1.1図　原子構造の模式図（例：シリコン）

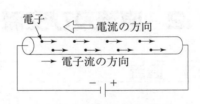

第1.2図　電子流と電流

1.1.2　電圧

水は水位の差によって流れが生じる。これと同様に、電気の場合も電位（正の電荷が多いほど電位は高く、負の電荷が多いほど電位は低い。）の差によって電流が流れ、この電位差が電流を流すための圧力となるので電圧といい、量記号はV、単位はボルト、単位記号は〔V〕で表し、1ボルトの1000分の1を1ミリボルト〔mV〕、100万分の1を1マイクロボルト〔μV〕、1000倍を1キロボルト〔kV〕といい、補助単位として用いる。

なお、電池又は交流発電機のように、電気エネルギーを供給する源を電源といい、その図記号を第1.3図に示す。

(a)電池又は　　　　　　　(b)交流電源
　　直流電源

第1.3図　電源の図記号

1.1.3　電力

高い所にある水を落下させ水車で発電機を回すと、電気を発生する仕事をする。したがって、高い所の水は仕事をする能力があると考えることができ、このような仕事をする能力は高さ及び流量に比例する。

電気の場合も同様に、機器で1秒当たり発生又は消費する電気エネルギー（ジュール/秒）を電力といい、直流の場合は、電圧と電流の積で表される。

電力の量記号は P、単位はワット、単位記号は〔W〕で表し、1ワットの1000分の1を1ミリワット〔mW〕、1000倍を1キロワット〔kW〕といい、補助単位として用いる。

電力は1秒当たりの電気エネルギーで表されるが、電力 P がある時間 t に消費した電気エネルギーの総量（$= Pt$）は電力量 W_p といい、単位の名称及び単位記号はワット秒〔W・s〕またはワット時〔W・h〕で表す。ワット時の1000倍のキロワット時〔kW・h〕が補助単位として用いられる。

1.2　直流及び交流

1.2.1　直流

第1.4図のように、常に電流の流れる方向（又は電圧の極性）や大きさが一定で変わらない、例えば、電池から流れる電流を直流といい、DC（Direct Current）と略記する。

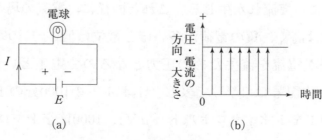

第1.4図　直流

1.2.2 交流

第1.5図のように電圧の大きさと極性や、電流の大きさと流れる方向が一定の周期をもって変化する場合を交流といい、AC（Alternating Current）と略記する。例えば、家庭のコンセントを使い得られる電気は交流である。

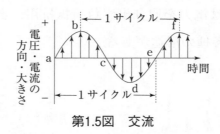

第1.5図　交流

交流は電圧や電流の瞬時値が周期的に変化するが、この繰り返しの区間をサイクルという。第1.5図についていえば、aからeまでの変化又はbからfまでの変化が1サイクルである。この1サイクルに要する時間〔秒〕を周期（記号 T）という。また、1秒間に繰り返されるサイクル数を周波数（記号 f）といい、単位はヘルツ、単位記号は〔Hz〕である。周期と周波数との間には

$$T = \frac{1}{f} \ 〔秒〕$$

の関係がある。

1.3　抵抗、コンデンサ及びコイル

1.3.1　抵抗とオームの法則

1　オームの法則

　管の中を水が流れる場合、管の形や管内の摩擦抵抗などにより、水の流れやすい管と流れにくい管とがあるように、導体といっても、電流は無限には大きくならないで、必ず電流の通過を妨げる抵抗作用が存在する。導体の抵抗を R とすると導体に流れる電流 I は、その導体の両端に生じる電位差すなわち電圧 V に比例する。これをオームの法則といい、

$$V = IR \ 〔V〕 \qquad I = \frac{V}{R} \ 〔A〕$$

で表され、R の値が大きいほど同じ電流を流すために必要な電圧は大きくなるので R は電流の流れにくさを表す。

　抵抗（又は電気抵抗）の量記号は R、単位はオーム、単位記号は〔Ω〕で表し、

1オームの1000倍を1キロオーム〔kΩ〕、100万倍を1メガオーム〔MΩ〕といい、補助単位として用いる。

　所定の抵抗をもつ素子として作られたものを抵抗器という。抵抗器には抵抗値が一定の固定抵抗器と、任意に抵抗値を加減できる可変抵抗器とがある。第1.6図に抵抗器の外観例とその図記号を示す。

　抵抗器には、電圧又は電力を取り出す負荷抵抗用、あるいは、分圧・分流用、放電用及び減衰用など各種の用途がある。

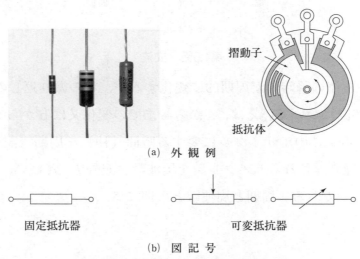

(a)　外　観　例

固定抵抗器　　　　　　　　　　　　　可変抵抗器

(b)　図　記　号

第1.6図　抵抗器の外観例と図記号

2　抵抗の接続

　第1.7図に示すように、抵抗 R_1〔Ω〕、R_2〔Ω〕、R_3〔Ω〕を直列に接続し、これに電圧 V〔V〕を加えると、回路の各抵抗には同一電流 I〔A〕が流れるので、各抵抗の端子電圧 V_1、V_2、V_3 は

$$V_1 = R_1 I \,〔V〕 \qquad V_2 = R_2 I \,〔V〕 \qquad V_3 = R_3 I \,〔V〕$$

となり、全電圧 V は

$$V = V_1 + V_2 + V_3 = I(R_1 + R_2 + R_3) \,〔V〕$$

となるので、直列接続の場合の合成抵抗 R は

$$R = R_1 + R_2 + R_3 \,〔Ω〕$$

となる。

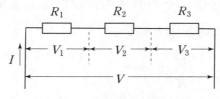

第1.7図　直列接続

　また、第1.8図に示すように、抵抗 R_1〔Ω〕、R_2〔Ω〕、R_3〔Ω〕を並列に接続し、これに電圧 V〔V〕を加えると、各抵抗に流れる電流 I_1、I_2、I_3 は

$$I_1 = \frac{V}{R_1} \text{〔A〕} \qquad I_2 = \frac{V}{R_2} \text{〔A〕} \qquad I_3 = \frac{V}{R_3} \text{〔A〕}$$

となり、回路を流れる電流 I は

$$I = I_1 + I_2 + I_3 = V\left(\frac{1}{R_1} + \frac{1}{R_2} + \frac{1}{R_3}\right) \text{〔A〕}$$

となるので、並列接続の場合の合成抵抗 R は

$$R = \frac{1}{\dfrac{1}{R_1} + \dfrac{1}{R_2} + \dfrac{1}{R_3}} \text{〔Ω〕}$$

となる。なお、抵抗が 2 個並列の場合の合成抵抗 R は

$$R = \frac{R_1 R_2}{R_1 + R_2} \text{〔Ω〕}$$

となる。

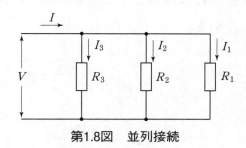

第1.8図　並列接続

1.3.2　コンデンサ

2 枚の金属板又は金属はくを、絶縁体を挟んで狭い間隔で向かい合わせたものをコンデンサ（蓄電器、又はキャパシタ）という。

1　コンデンサの種類

コンデンサには、使用する絶縁体の種類によって、紙コンデンサ、空気コンデンサ、磁器コンデンサ、マイカコンデンサ及び電解コンデンサなどがある。

また、コンデンサには、容量が一定の固定コンデンサと、任意に容量を変えることができる可変コンデンサ（バリアブルコンデンサ）などがある。

コンデンサは、共振回路（同調回路）に用いられるほか、高周波回路の結合や接地、整流回路の平滑用などに使用される。第1.9図にコンデンサの外観例とその図記号を示す。

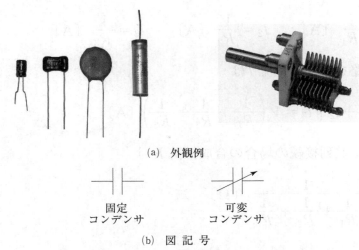

(a) 外観例

固定
コンデンサ

可変
コンデンサ

(b) 図記号

第1.9図　コンデンサの外観例と図記号

2　静電容量

　第1.10図のように、コンデンサに電池 E 〔V〕を接続すると、＋－の電荷は互いに引き合うので、金属板には図のように電荷が蓄えられ、電池を取り去ってもそのままの状態を保っている。

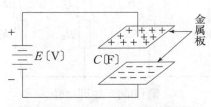

第1.10図　コンデンサの原理

　この場合、コンデンサがどのくらい電荷を蓄えられるか、その能力を静電容量（単に容量ということもある。）あるいはキャパシタンスという。静電容量の量記号は C、単位はファラド（ファラッドともいう）、単位記号は〔F〕である。

　1ファラドの100万分の1を1マイクロファラド〔μF〕、1兆分の1を1ピコファラド〔pF〕といい、補助単位として用いる。

3　コンデンサの接続

　第1.11図(a)のように、コンデンサ C_1〔F〕、C_2〔F〕を接続した場合を直列接続といい、合成静電容量 C は、

$$C = \frac{1}{\frac{1}{C_1} + \frac{1}{C_2}} = \frac{C_1 \cdot C_2}{C_1 + C_2} \ \text{〔F〕}$$

となる。

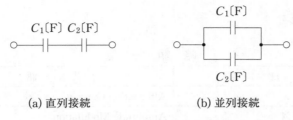

| (a) 直列接続 | (b) 並列接続 |

第1.11図　コンデンサの接続

　図(b)のように接続した場合を並列接続といい、合成静電容量 C は

$$C = C_1 + C_2 \ [\mathrm{F}]$$

となる。

1.3.3　コイル

　銅線等を環状に巻いたものをコイルという。交流電圧の上げ下げ、あるいは回路を結合するためのコイルを組み合わせた変圧器（トランス）に用いられている。周波数によって鉄心入り（低周波チョークコイルなど）や、高周波数で使用される空心のコイルなどがあるが、同調コイル、発振コイル及び高周波チョークコイルなどにはフェライトやダストコア入りのものがよく用いられている。

　コイルに流れる電流が変化すると、電磁誘導によってコイルに起電力が生じる。そのコイル自身に起電力が生じる現象を自己誘導作用という。

　また、コイルの電流が変化したとき、コイル自身に生じる起電力の大きさの目安を自己インダクタンスまたは単にインダクタンスという。

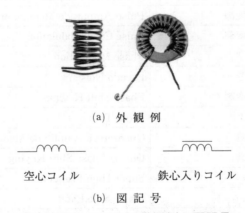

(a)　外 観 例

空心コイル　　　　　　　鉄心入りコイル

(b)　図 記 号

第1.12図　コイルの外観例と図記号

　インダクタンスの量記号は L、単位はヘンリー、単位記号は 〔H〕 である。

　1ヘンリーの1000分の1を1ミリヘンリー 〔mH〕、100万分の1を1マイクロヘンリー 〔μH〕 といい、補助単位として用いる。

資料2　略語一覧

略　語　一　覧

略　語	日　本　語	英　語　名
A C	交流	Alternating Current
A M	振幅変調	Amplitude Modulation
A S K	振幅シフト変調	Amplitude Shift Keying
B E R	符号誤り率	Bit Error Rate
C D M	符号分割多重	Code Division Multiplex
C D M A	符号分割多元接続	Code Division Multiple Access
D C	直流	Direct Current
F D D	周波数分割複信	Frequency Division Duplex
F D M	周波数分割多重	Frequency Division Multiplex
F D M A	周波数分割多元接続	Frequency Division Multiple Access
F M	周波数変調	Frequency Modulation
F S K	周波数シフト変調	Frequency Shift Keying
H F	短波	High Frequency
I D C	瞬時偏移制御	Instantaneous Deviation Control
I F	中間周波数	Intermediate Frequency
L A N	ラン	Local Area Network
L N A	低雑音増幅器	Low Noise Amplifier
L P F	低域通過フィルタ	Low Pass Filter
L T E	エルティーイー	Long Term Evolution
M C A	エム・シー・エー	Multi Channel Access
M F	中波	Medium Frequency
O F D M	直交周波数分割多重	Orthogonal Frequency Division Multiplex
O F D M A	直交周波数分割多元接続	Orthogonal Frequency Division Multiple Access
P A M	パルス振幅変調	Pulse Amplitude Modulation
P C M	パルス符号変調	Pulse Code Modulation
P M	位相変調	Phase Modulation
P N符号	擬似雑音符号	Pseudo Noise
P S K	位相シフト変調	Phase Shift Keying
P T T	プレストーク	Press Talk
Q A M	直交振幅変調	Quadrature Amplitude Modulation
Q P S K	四相位相変調	Quadri Phase Shift Keying
S H F	マイクロ波	Super High Frequency
S S B	単側波帯	Single Side Band
S W R	定在波比	Standing Wave Ratio
T D D	時分割複信	Time Division Duplex
T D M	時分割多重	Time Division Multiplex
T D M A	時分割多元接続	Time Division Multiple Access
U H F	極超短波	Ultra High Frequency
V H F	超短波	Very High Frequency
V S A T	ブイサット	Very Small Aperture Terminal
W i M A X	ワイマックス	Worldwide interoperability for Microwave Access

令和3年1月1日　初版第1刷発行
令和6年4月15日　2版第1刷発行

第三級陸上特殊無線技士

法 規 / 無 線 工 学

（電略　ホコ3）

編 集 ・ 発 行　一般財団法人 情報通信振興会
郵便番号 170-8480
東 京 都 豊 島 区 駒 込 2 - 3 - 10
販売　電話 0 3 (3 9 4 0) 3 9 5 1
編集　電話 0 3 (3 9 4 0) 8 9 0 0
URL　https://www.dsk.or.jp/
振替口座 0 0 1 0 0 - 9 - 1 9 9 1 8
印 刷 所　船舶印刷株式会社

ISBN978-4-8076-0989-5 C3055